工控组态软件

（第2版）

龙志文　主　编

张　帆　副主编

重庆大学出版社

内 容 简 介

本书是高职高专电气系列教材之一。

本书以西门子公司(SIEMENS)的工控组态软件 WINCC5.0 为主线,以大量图文结构的形式,较为详细地介绍了工控组态软件的结构、特点及应用技术。全书共分为9章,内容包括:工控组态软件基础知识、WINCC系统概述、控制中心、创建过程画面、建立动态、过程归档、消息系统、用户与安全、组态王的基本应用等。在各重点内容的介绍中均附有实例,较详细地讲述了以实现控制目的为要求的组态过程及操作要领,各章均附有小结及习题。

本书可作为高职高专电气、电子、电力、自动化及相关专业"工控组态软件"课题的教材,也可作为电大、函授、自考相近专业的学生教材,还可供从事自动化系统设计、安装、调试的工程技术人员参考。

图书在版编目(CIP)数据

工控组态软件/龙志文主编.—重庆:重庆大学出版社,2005.6(2020.9 重印)
(高职高专电气系列教材)
ISBN 978-7-5624-3403-0

Ⅰ.工… Ⅱ.龙… Ⅲ.过程控制软件—高等学校:技术学校—教材 Ⅳ.TP317

中国版本图书馆 CIP 数据核字(2005)第 064079 号

工控组态软件
(第2版)
龙志文 主 编
张 帆 副主编
责任编辑:周 立 版式设计:周 立
责任校对:许 玲 责任印制:张 策
*
重庆大学出版社出版发行
出版人:饶帮华
社址:重庆市沙坪坝区大学城西路 21 号
邮编:401331
电话:(023) 88617190 88617185(中小学)
传真:(023) 88617186 88617166
网址:http://www.cqup.com.cn
邮箱:fxk@cqup.com.cn (营销中心)
全国新华书店经销
POD:重庆新生代彩印技术有限公司
*
开本:787mm×1092mm 1/16 印张:8.25 字数:206 千
2015 年 3 月第 2 版 2020 年 9 月第 9 次印刷
ISBN 978-7-5624-3403-0 定价:21.00 元

前言

随着电子技术及计算机技术的飞速发展,工业自动化水平迅速提高。人们对工业自动化系统的要求越来越高,各种各样种类繁多的自动控制装置、远程或特种场所监控设备在工业控制领域的大量使用,使得现代的自动控制系统越来越庞大、复杂及多层次。现在广泛采用的人机界面已不能满足高速度、大数据流量及多层次控制要求的现代工业自动控制系统。20 世纪 70~80 年代世界各大电气公司针对不同系统开发的专用控制软件,解决了高速度及大数据流量的要求,但其开发周期长、成本高、通用性差及维护升级困难,限制了专用控制软件的推广应用。工业控制(自动化)领域急待一种兼容性好、使用维护方便、升级简单、有较强人性化的通用控制软件。因此,工控组态软件诞生了。

工控组态软件是工业控制数据采集监控系统 SCADA(Supervisory Control and Data Acquisition)的软件平台,类似于通用计算机的操作系统,如常见的 Windows、Linux 等,是工业应用软件家族中的重要成员之一。随着组态软件和控制系统的不断发展、完善,现在的组态软件已部分地和硬件发生分离,特别是现场总线技术和工业以太网的快速发展,极大地简化了各公司生产的不同控制设备之间互连互通的问题,I/O 接口、驱动软件的标准化,促使组态软件也逐渐地向标准化方向发展。

随着我国工业现代化步伐的加速,近年来各高等院校电气自动化专业相继开设了"工控组态软件"这一课程。但是,工控组态这一专门技术在我国广泛应用的时间不长,介绍工控组态技术的专业书籍较少,可作为大专院校学生使用的教材更少。因此,我们组织编写了该教材,在广泛调查的基础上选取了在我国冶金、有色、制药、轻工和市政工程中使用较为广泛的西门子公司(SIEMENS)的工控组态软件 WinCC 为主线介绍了组态软件的结构、系统特点及应用技术。在第 9 章中也介绍了我国自行开发的工控组态软件"组态王"。本书在编写过程中紧扣高职高专的培养目标和要求,以基本原理和基本概念为基础，着重于实际应用，尽可能从工程实际应用的角度分析问题，解决问题。力求让学生学完本课程后，便能针对中、小型控制系统完成组态、编程、系统调试、运行和故障处理，成为真正的应用型人才。建议在学习"C 语言"、"PLC 原理及应用"、"交、直流调速系统"、"工业控制网络"等课程之后，再学习该课程。

本书由龙志文任主编，张帆任副主编。陈铁牛、杨卫华教授为该书的编写提供了许多宝贵的意见和建议。佟云峰、徐俊、李之昂为该书的编写收集了大量的资料，李之昂为该书制作了部分插图。在此谨表示衷心的感谢。

由于作者学识有限，加之编写成书时间仓促，错误和疏漏之处在所难免，殷切希望使用本教材的师生和读者批评指正。

编　者
2005 年 5 月

目录

第1章 工控组态软件基础知识

1.1 概 述

随着工业自动化水平的迅速提高以及计算机在工业领域的广泛应用,人们对工业自动化的要求也越来越高。种类繁多的自动控制装置及过程监控设备在工业控制领域的大量使用,使得传统方法开发的工业控制软件已经无法满足用户的各种需要,这些根据个别需求单件开发的软件开发成本高、周期长、通用性差、维护和更新困难使其在使用过程中带来了很多的问题。而通用组态软件的出现为解决这一问题提供了一套有效的手段。

组态软件是数据采集监控系统 SCADA(Supervisory Control and Data Acquisition)的软件平台,是工业应用软件家族的成员之一。它具有丰富的设置选项、使用方式灵活、功能强大。最早的组态软件是在 DOS 环境下工作的,具有简单的人机界面(HMI)、图库、绘图工具箱等基本功能。随着 Windows 操作系统的推广,在 Windows 环境下工作的组态软件逐渐取代 DOS 环境下工作的组态软件成为主流。同时由早期单一的人机界面向数据处理机的方向发展,管理的数据量越来越大。随着组态软件及控制系统的不断发展,组态软件已经部分地和硬件发生分离。OPC(OLE for Process Control)的出现,现场总线技术及工业以太网的快速发展,极大地简化了不同设备之间相互连接的问题,I/O 驱动软件也逐渐向标准化发展。

世界上第一个将组态软件商品化的公司是美国的 Wonderware 公司,它在 20 世纪 80 年代末就率先推出了第一个商品化的工业组态软件 Intouch。在此之后,又有很多家公司分别推出了自己的产品,比较著名的有美国 Intellution 公司的 iFix、Rock-Well 公司的 RSView32、Iconics 公司的 Genesis、德国西门子公司的 WinCC、ProTool 等。目前世界上的工业组态软件共有数十种之多,总装机量超过了百万,而且每年都在大幅增长。随着信息时代的到来,工业组态软件必将在工业自动化中发挥越来越重要的作用。

1.2 功　能

目前市面上的工业组态软件都能够实现相似的功能:几乎所有运行于32位Windows操作系统的组态软件都采用了类似于资源浏览器的窗口结构,并将工业控制系统中所使用到的各种资源(设备驱动、标签量、控制画面、报警、报表等)以项目的方式进行统一集中管理并进行配置和编辑;能够处理各种数据报警和系统报警;提供了各种数据驱动程序;支持各类报表的生成和打印输出;使用脚本语言(C或者Basic)提供复杂的控制功能;存储历史数据并支持历史数据的查询、打印等。

1.3 发展趋势

很多新技术将不断被应用到组态软件当中,促使组态软件向更高层次和更广范围发展。其发展方向如下:

1)多数组态软件提供多种数据采集驱动程序(driver),用户可以进行配置。在这种情况下,驱动程序由组态软件开发商提供,或者由用户按照某种组态软件的接口规范编写。由OPC基金组织提出的OPC规范基于微软的OLE/DCOM技术,提供了在分布式系统下,软件组件交互和共享数据的完整的解决方案。服务器与客户机之间通过DCOM接口进行通讯,而无须知道对方内部实现的细节。由于COM技术是在二进制代码级实现的,所以服务器和客户机可以由不同的厂商提供。在实际应用中,作为服务器的数据采集程序往往由硬件设备制造商随硬件提供,可以发挥硬件的全部效能;而作为客户机的组态软件则可以通过OPC与各厂家的驱动程序无缝连接,故从根本上解决了以前采用专用格式驱动程序总是滞后于硬件更新的问题。同时,组态软件同样可以作为服务器为其他的应用系统(如MIS等)提供数据。随着支持OPC的组态软件和硬件设备的普及,使用OPC进行数据采集成为组态中更合理的选择。

2)脚本语言是扩充组态系统功能的重要手段。因此,大多数组态软件提供了脚本语言的支持。其具体的实现方式分为两种:一是内置的C/Basic语言;二是采用微软的VBA的编程语言。C/Basic语言要求用户使用类似高级语言的语句书写脚本,使用系统提供的函数调用组合完成各种系统功能。微软的VBA是一种相对完备的开发环境。采用VBA的组态软件通常使用微软的VBA环境和组件技术,把组态系统中的对象以组件方式实现,并使用VBA的程序对这些对象进行访问。

3)可扩展性为用户提供了在不改变原有系统的情况下,向系统内增加新功能的能力。这种增加的功能可能来自于组态软件开发商、第三方软件提供商或用户自身。增加功能最常用的手段是ActiveX组件的应用。所以更多厂商会提供完备的ActiveX组件引入功能及实现引入对象在脚本语言中的访问。

4)组态软件的应用具有高度的开放性。随着管理信息系统和计算机集成制造系统的普及,生产现场数据的应用已不仅仅局限于数据采集和监控。在生产制造过程中,需要现场的大量数据进行流程分析和过程控制,以实现对生产流程的调整和优化。这就需要组态软件大量采用“标准化技术”，如 OPC，DDE，ODBC，OLE-DB，ActiveX 和 COM/DCOM 等，使得组态软件演变成软件平台，在软件功能不能满足用户特殊要求时，可以根据自己的需要进行二次开发。

5）与 MES（Manufacturing Execution Systems）和 ERP（Enterprise Resource Planning）系统紧密集成。经济全球化促使每个公司都需要在合适的软件模型基础上表达复杂的业务流程，以达到最佳的生产率和质量。这就要求不受限制的信息流在公司范围内的各个层次朝水平方向和垂直方向不停地自由传输。ERP 解决方案正日益扩展到 MES 领域，并且正在寻求到达自动化层的链路。自动化层的解决方案，尤其是 SCADA 系统，正日益扩展到 MES 领域，并为 ERP 系统提供通讯接口。SCADA 系统是用于构造全厂信息平台的一种理想的框架。由于它们管理过程画面，因而能直接访问所有的底层数据；此外，SCADA 系统还能从外部数据库和其他应用中获得数据；同时，处理和存储这些数据。所以，对 MES 和 ERP 系统来说，SCADA 系统是理想的数据源。在这种情况下，组态软件成为中间件，是构造全厂信息平台承上启下的重要组成部分。

6）现代企业的生产已经趋向国际化、分布式的生产方式。Internet 将是实现分布式生产的基础。组态软件将从原有的局域网运行方式跨越到支持 Internet。使用这种瘦客户方案，用户可以在企业的任何地方通过简单的浏览器，输入用户名和口令，就可以方便地得到现场的过程数据信息。这种 B/S（Browser/Server）结构可以大幅降低系统安装和维护费用。

1.4　西门子软件产品概述

1.4.1　简介

近年来西门子公司的一系列软件产品提供了强大的全集成自动化功能。全集成自动化不止是连接不同的自动化部件，它还提供了一个统一的软件平台使所有的自动化部件及控制任务集成在一起成为一个系统。西门子的系统提供了一个统一的、功能强大的数据库，所有的软件都可以访问该数据库，即每一个部件都能够了解其他部分的工作情况，并能够同其他的任务有机地结合在一起。

图 1.1　集成的软件控制系统

西门子的工业软件可分为三个不同的种类（如图 1.1，1.2 所示）：

①编程和工程工具：包括所有基于 PLC 和 PC 用于编程、组态、仿真和维护的控制解决方案所需要的工具。

②基于 PC 的控制：包括基于 PC 而不是传统的 PLC 的控制解决方案（即使用 iPC 代替 PLC 进行控制），使用户的应用和过程实现自动化。

③人机接口(HMI):为用户的自动化集成项目提供人机界面或SCADA系统,支持大范围的平台。

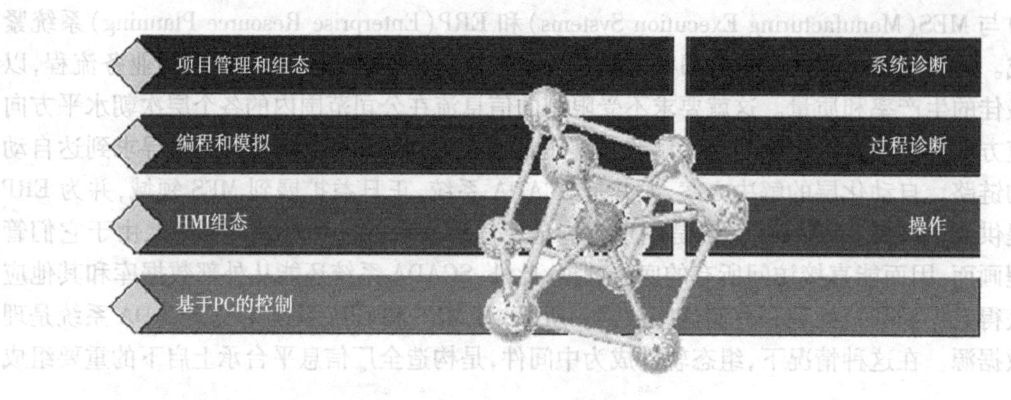

图1.2　软件的结构

1)编程和工程工具

SIMATIC STEP7是用于SIMATIC S7—300/400、C7 PLC及基于PC控制产品的组态、编程和维护的项目管理工具(如图1.3所示)。

STEP7目前已经发展到了第6代,它完全符合IEC1131—3的国际标准。IEC标准帮助用户在建立控制程序的时候增加重复可用性、减少错误,并能提高编程的效率。使用STEP7编程人员可以选择不同的编程语言,除了语句表(STL)、梯形图(LAD)和功能图(FBD)之外,还可以使用符合IEC标准的结构文本(SCL)或顺序流程图(Graph)等。

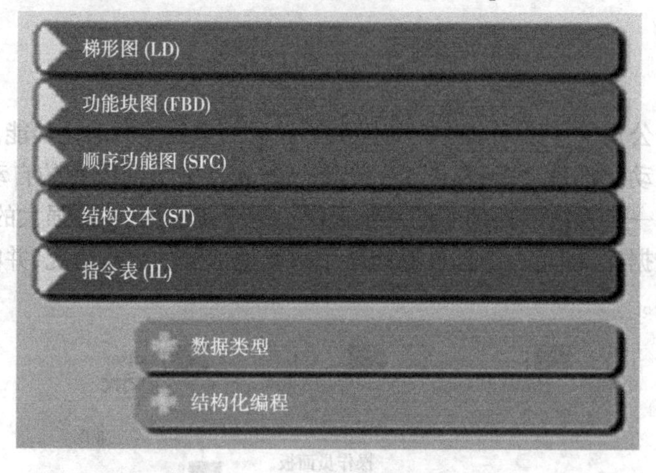

图1.3　STEP7的构成

2)基于PC的控制

基于PC的控制即视窗自动化中心(WinAC),WinAC是集成在同一平台的控制系统(如图1.4所示)。根据功能,WinAC可分成WinAC控制和WinAC计算/可视两个部分:

①WinAC控制

允许用户使用个人计算机代替可编程控制器(PLC)运行用户过程。WinAC提供了两种PLC,一种是软件PLC,它通过软件的运行模拟PLC的功能;另一种是插槽式PLC(在计算机上安装一个扩展卡),在硬件上实现PLC的所有功能。这些基于PC的控制系统通过PROFIBUS—DP

连接的分布式远程I/O实现输入和输出。

②WinAC计算/可视

提供所有通过标准应用(如Excel、VB或任何其他用于操作员控制和监视的HMI软件包)浏览过程或修改过程数据所需要的开放接口。

3)人机接口(HMI)

西门子的HMI软件包括了ProTOOL和基于Windows操作系统的WinCC。

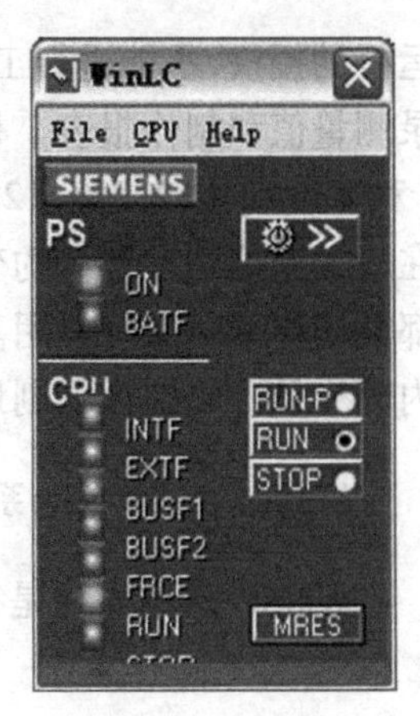

图1.4　WinAC

1.5　WinCC基础知识

1.5.1　WinCC简介

WinCC的全称是视窗控制中心(Windows Control Center),从1996年进入工控组态软件市场后在很短的时间内发展成为第三个世界范围内比较成功的SCADA系统,在欧洲,它无可争议的成为市场第一。

作为SIMATIC全集成自动化系统的重要组成部分,WinCC确保与S5、S7和505系列PLC连接的方便和通讯的高效;WinCC与STEP7组态软件的紧密结合缩短了项目开发的周期。此外,WinCC还有对SIMATIC PLC进行诊断的选项,给硬件维护提供了方便。

通过丰富的设备驱动程序的支持,WinCC可以与不同厂家的各种不同设备之间进行通讯连接;WinCC通过变量(Tag)和控制设备交换数据;通过强大的数据库支持(最新的6.0版支持Microsoft SQL Server 2000),可以轻松实现组态数据和归档数据的存储;通过强大的标准接口(如OLE、ActiveX和OPC等),WinCC提供了OLE、DDE、ActiveX、OPC服务器和客户机等接口和控件,可以很方便地和其他应用程序交换数据;提供了强大的脚本语言。

1.5.2　Power Tags的定义

WinCC的变量分为内部变量和过程变量。把与外部控制器没有过程连接的变量叫做内部变量。内部变量可以无限制地使用。相反,与外部控制器(如PLC)具有过程连接的变量叫做过程变量(俗称外部变量)。Power Tags是指授权使用的过程变量,也就是说,如果购买的WinCC具有1 024个授权,那么WinCC项目在运行状态下,最多只能有1 024个过程变量。过程变量的数目和授权使用的过程变量(Power Tags)的数目显示在WinCC管理器的状态栏中。

1.5.3　WinCC产品分类

WinCC产品分为基本系统、选件和附加件。

WinCC基本系统分为完全版和运行版。完全版包括运行和工程组态的授权,运行版只有运行的授权,不能进行工程开发。运行版可以用于显示过程信息、控制过程、报警报告事件、记录测量值和制作报表。根据所连接的外部过程变量数量的多少,WinCC 完全版和运行版都有 5 种不同的授权规格:128 点、256 点、1 024 点、8 000 点和 65 536 点。其中 Power Tags 是指存在过程连接到控制器的变量,不管变量的数据类型,只要给此变量命名并连接到外部控制器,都被当作 1 个变量使用。相应的授权规格决定所连接的过程变量的最大数目,无过程连接的内部变量可以被无限制地使用。

1.5.4 WinCC 的系统构成

WinCC 基本系统是很多应用程序的核心(如图 1.5 所示)。它包括以下九大部件:

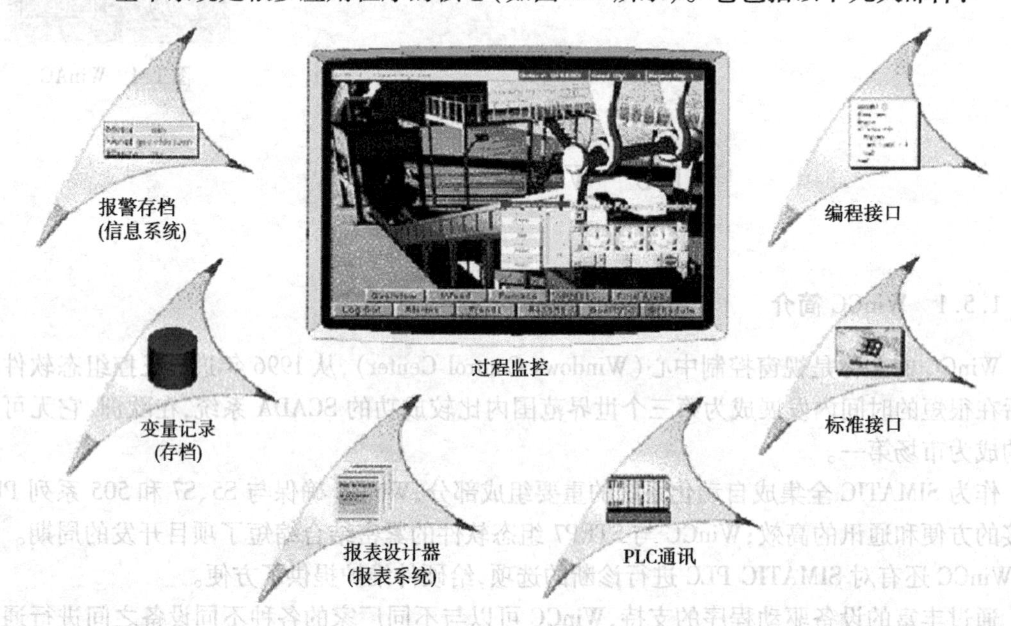

图 1.5　WinCC 系统构成

①变量管理器

变量管理器(tag management)管理 WinCC 中所使用的外部变量、内部变量和通用驱动程序。

②图形编辑器

图形编辑器(graphics designer)用于设计各种图形画面作为操作人员控制时直接交流的控制界面。

③报警记录

报警记录(alarm logging)负责采集和归档报警消息。

④变量归档

变量归档(tag logging)负责处理测量值,并长期存储所记录的过程值。

⑤报表编辑器

报表编辑器(report designer)提供许多标准的报表,也可以设计各种格式的报表,并可以按照预定的时间进行打印。

⑥全局脚本

全局脚本(global script)是系统设计人员用 ANSI—C 及 Visual Basic 编写的代码,以满足项目的需要。

⑦文本库

文本库(text library)编辑不同语言版本下的文本消息。

⑧用户管理器

用户管理器(user administrator)用来分配、管理和监控用户对组态和运行系统的访问权限。

⑨交叉引用表

交叉引用表(cross-reference)负责搜索在画面、函数、归档和消息中所使用的变量、函数、OLE 对象和 ActiveX 控件。

1.5.5　WinCC 选件

WinCC 以开放式的组态接口为基础,迄今已经开发了大量的 WinCC 选件(options)和附加件(add-ons)。WinCC 选件能满足用户的特殊需求,主要包括以下部件:

①服务器系统(server)

用来组态客户机/服务器系统。服务器与过程控制建立连接并存储过程数据;客户机显示过程画面。

②冗余系统(redundancy)

两台 WinCC 系统同时并行运行,并相互监视对方状态,当一台机器出现故障时,另一台机器可接管整个系统的控制。

③Web 浏览器(Web navigator)

通过 Internet/Intranet 使用浏览器生成过程状况。

④用户归档(user archive)

给过程控制提供一整批数据,并将过程控制的技术数据连续存储在系统中。

⑤开放式工具包(ODK)

提供了一套 API 函数,使应用程序可与 WinCC 系统的各部件进行通讯。

⑥WinCC Dat@ Monitor

通过网络显示和分析 WinCC 数据的一套工具。

⑦WinCC ProAgent

WinCC ProAgent 能准确、快速地诊断由 S7 和 WinCC 控制和监控的工厂和机器中的错误。

⑧WinCC Connectivity Pack

包括 OPC HAD 和 OPC A&E 服务器,用来访问 WinCC 归档系统中的历史数据。采用 WinCC OLE—DB 能直接访问 WinCC 存储在 Microsoft SQL Server 数据库内的归档数据。

⑨WinCC IndustrialDataBridge

利用标准接口将自动化连接到 IT 世界,并保证了双向的信息流。

⑩WinCC IndustrialX

可以开发和组态用户自定义的 ActiveX 对象。

小　结

本章主要介绍了工控组态软件的基本概念、功能及今后的发展趋势。对西门子公司的主要软件产品进行了简要的介绍,其中主要介绍了以 WinCC 为主的 HMI 人机界面软件。通过本章的学习,要求掌握什么是工控组态软件;工控组态软件具有什么样的特点;与其他的通用软件有何区别;西门子公司的工业软件主要由哪些部分组成。

习　题

1. 请说明什么是工控组态软件、有何特点,工控组态软件同其他通用软件有什么区别?
2. 西门子公司的工业软件包括了哪些部分?
3. WinCC 的产品是如何进行分类的?
4. WinCC 系统包含了哪 9 个部分?

第2章 WinCC系统概述

本章讲述安装 WinCC 的基本的硬件和软件要求以及从光盘上安装 WinCC 的详细步骤，并从一个简单的实例开始 WinCC。

2.1 WinCC的安装

2.1.1 对安装 WinCC 系统的基本要求

WinCC 是运行在 IBM—PC 兼容机上，基于 MicrosoftWindows 2000/XP 操作系统的组态软件。在安装 WinCC 之前，必须配置适当的硬件和软件，并保证它们能正常运转。也就是说所有使用的硬件应该是 Windows 2000/XP 的硬件兼容性列表中所列出的；还意味着硬件和软件都必须正确地安装和配置。在安装过程中，WinCC 安装向导将自动逐一检查以下各项是否满足要求：

—使用的操作系统；

—用户登录的权限；

—显示器的分辨率；

—Internet Explorer；

—Microsoh 消息队列服务（Microsoft message queuing services）；

—Microsoh SQL Server；

—是否已重启系统。

如果其中之一没有满足要求，WinCC 将停止安装，并在屏幕上显示相应的错误消息，如表 2.1 所列。

表 2.1　WinCC 安装出错信息一览

出错消息	说　明
为了正确安装,请重新启动计算机	安装在计算机上的软件需要重新启动操作系统。在 WinCC 可安装之前,应重启一次计算机
必需的操作系统 Windows XP/Windows 2000 SP2	将要安装 WinCC 的计算机的操作系统升级到 Windows XP 或 Windows 2000 SP2。Windows 升级包随 WinCC 一起提供
该应用程序需要 VGA 或更高的分辨率	检查显示器的设置,如果需要,请升级显示适配器
需要管理员权限来安装本产品	以具有管理员权限的用户身份再次登录到 Windows
未安装 Microsoft 消息队列服务	请先安装 Microsoft 消息队列服务。为此,需要 Windows 安装光盘
未安装所需的 SQL Server 2000 SP3 实例	从所附光盘中安装 Microsoft SQL Server 2000 SP3

(1)安装 WinCC 的硬件要求

为了能可靠和高效地运行 WinCC,应满足一定的硬件要求,如表 2.2 所列。最小的硬件需求只能保证 WinCC 运行,而不能保证在生产环境中满足大用户数、大数据量的访问。在实际配置时,应根据特定的应用需求,为 WinCC 配置适当的硬件。一般情况下,这些配置都会比以下的最低要求大一些。对于单用户运行,应满足以下最小硬件需求;如需高效的运行,则应满足推荐的配置要求。

表 2.2　WinCC 运行的硬件要求

硬　件	最低要求	推荐配置
CPU	Intel Pentium Ⅲ,800 MHz	Intel Pentiual 4,1 400 MHz
主　存	512 MB	1 024 MB
安装 WinCC 的硬盘可用空间	700 MB	1 GB 以上
运行 WinCC 的硬盘可用空间	1.5 GB	1 GB 以上
虚拟存储器	1X 主存	1.5X 主存
显示适配器的显存	16 MB	32 MB
颜色数	256	真彩色
分辨率	800×600	1 024×767

(2)安装 WinCC 的软件要求

安装 WinCC 也应满足一定的软件要求,在安装 WinCC 前就应安装所需的软件并正确配置好。安装 WinCC 的机器上应安装 Microsoft 消息队列服务和 SQL Server 2000。

1)操作系统

单用户系统应运行在 Windows 2000 Professional SP2 及以上版本、Windows XP Professional 或 Windows XP Professional SP1。对于多用户系统的 WinCC 服务器,推荐使用 Windows 2000 Server SP2 或 Windows 2000 Advanced Server SP2。

2)Internet 浏览器

WinCCV6.0 要求安装 Mircorsoft Internet Explorer 6.0(IE6.0)SP1 或以上版本,IE6.0 SP1

安装盘随 WinCCV6.0 安装盘一起提供。

安装和设置 IE6.0 必须选择以下选项：

- “安装选择”选项为“标准安装”；
- “更改 Windows 桌面”选项为“不更改”；
- “激活通道选择”选项为“无”；
- 如果需要使用 WinCC 的 HTML 帮助，则必须在 Internet 浏览器上进行设置。通过单击“菜单工具” > Internet 选项，开启 Java 脚本为“允许”。

3) Mircorsoft 消息队列服务

安装 WinCCV6.0 前，必须安装 Microsoft 消息队列服务。

4) Microsoh SQL Server 2000

WinCCV6.0 的组态数据和运行时的归档数据使用关系数据库系统 Microsoft SQL Server 2000 来存储。安装 WinCCV6.0 前，必须安装 Microsoft SQL Server 2000 SP3。

2.1.2　消息队列服务和 SQL Server 2000 的安装

在 WinCC 中使用了 Microsoft 消息队列服务。虽然 Windows 2000 和 Windows XP Professional 操作系统都包含了消息队列服务组件，但在操作系统的安装中没有设置消息队列服务为默认安装。因此在安装 WinCC 前，应安装好消息队列服务组件。安装此组件需要相应的 Windows 安装盘。

(1) Windows 2000 下的消息队列服务安装步骤

- 单击“开始” > “设置” > “控制面板” > “添加/删除程序”；
- 在“添加/删除程序”对话框中，单击左边菜单条中的“添加/删除 Windows 组件”按钮，打开“Windows 组件向导”对话框，如图 2.1 所示；

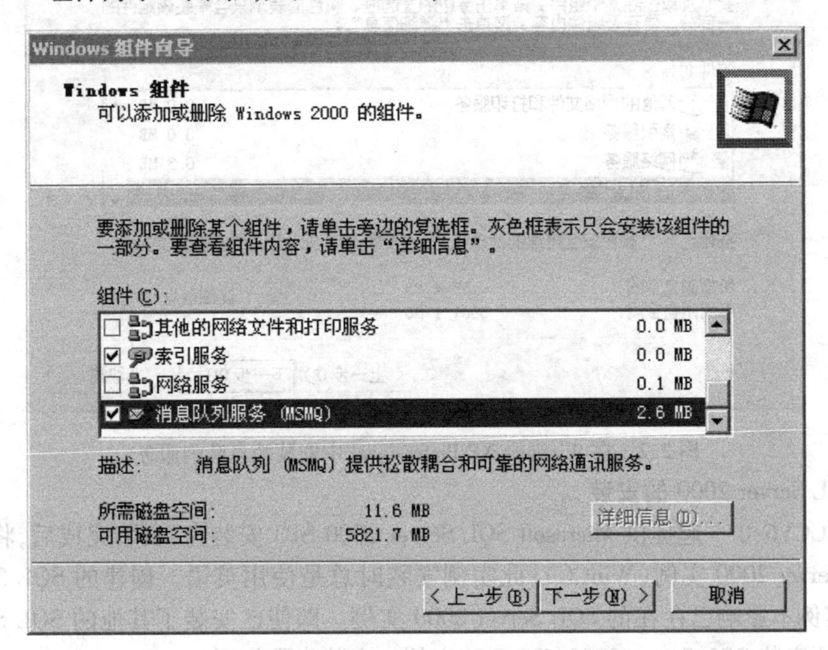

图 2.1　在 Windows 2000 中安装消息队列服务

●选择"消息队列服务(MSMQ)",并单击"下一步";

●选择消息队列服务类型为"独立客户",单击"下一步";

●选择"消息队列服务不访问活动目录"选项,单击"下一步";

●如果出现"插入磁盘"对话框,则将 Windows 安装盘装入 CD—ROM 驱动器,并单击"确定"按钮,开始安装;

●单击"结束"按钮,关闭安装向导。

(2)Windows XP Professional **下的消息队列服务安装步骤**

●单击"开始" > "设置" > "控制面板" > "添加/删除程序";

●在"添加/删除程序"对话框中,单击左边菜单条中的"添加/删除 Windows 组件"按钮,打开"Windows 组件向导"对话框,如图 2.2 所示;

●选择组件"消息队列",激活"详细信息"按钮;

●单击"详细消息"按钮,打开"消息队列服务"对话框;

●在"消息队列服务"对话框中,选择组件"公共",取消选择其他所有的组件,单击"确定"按钮;

●如果出现"插入磁盘"对话框,则将 Windows 安装盘装入 CD—ROM 驱动器,并单击"确定"按钮,开始安装;

●单击"结束"按钮,关闭安装向导。

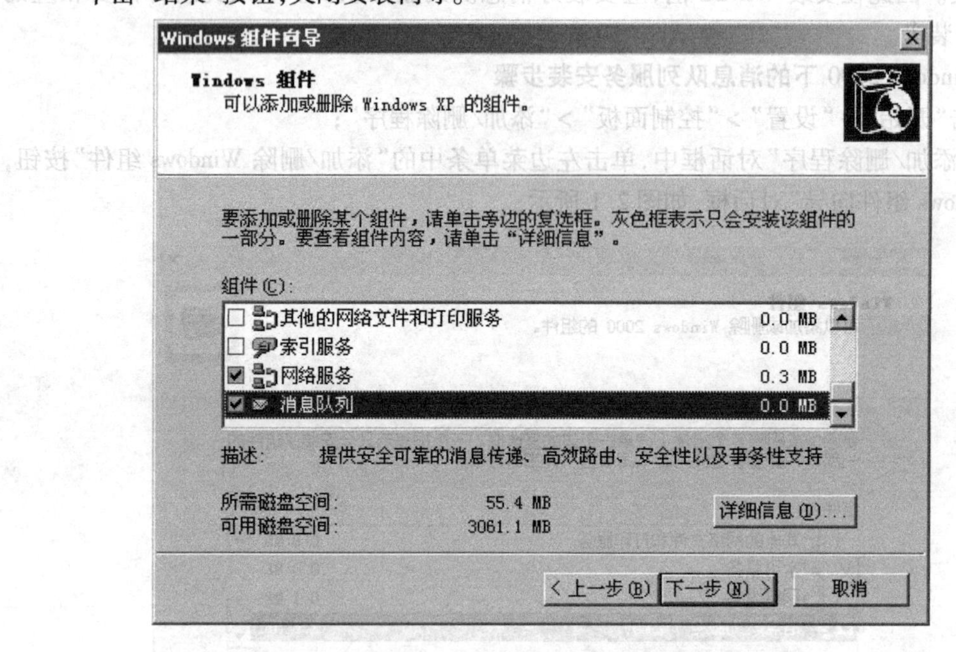

图 2.2 在 Windows XP Professional 中安装消息队列服务

(3)SQL Server 2000 **的安装**

随 WinCCV6.0 一起提供 Microsoft SQL Server 2000 SP3 安装盘,安装完成后,将建立一个新的 SQL Server 2000 实例(WinCC);此实例安装时总是使用英语。创建的 SQL Server 2000(WinCC)实例不影响已存在的 SQL Server 2000 实例。即使已安装了其他的 SQL Server 2000 实例,也必须安装 SQL Server 2000(WinCC)实例。安装步骤如下:

●启动 Microsoft SQL Server 2000 SP3 光盘;

- 选择"安装 SQL Server 2000"；
- 按屏幕提示进行安装操作。

2.1.3　WinCC 的安装与卸载

(1)安装 WinCC

WinCC 安装光盘上提供了一个自动运行程序,可自动启动安装程序。将 WinCC 安装光盘放入 CD—ROM 驱动器,便开始安装。如果没有自动启动安装程序,请运行光盘上的 Start. exe 程序。

图 2.3　WinCC 安装对话框

经过简短的装入程序后,出现如图 2.3 所示对话框。

- 单击"安装 SIMATIC WinCC",开始 WinCC 的安装。
- 在打开的对话框中单击"下一步"。
- 在"软件许可证协议"对话框中,如接受许可证协议中的条款,请单击"是"。

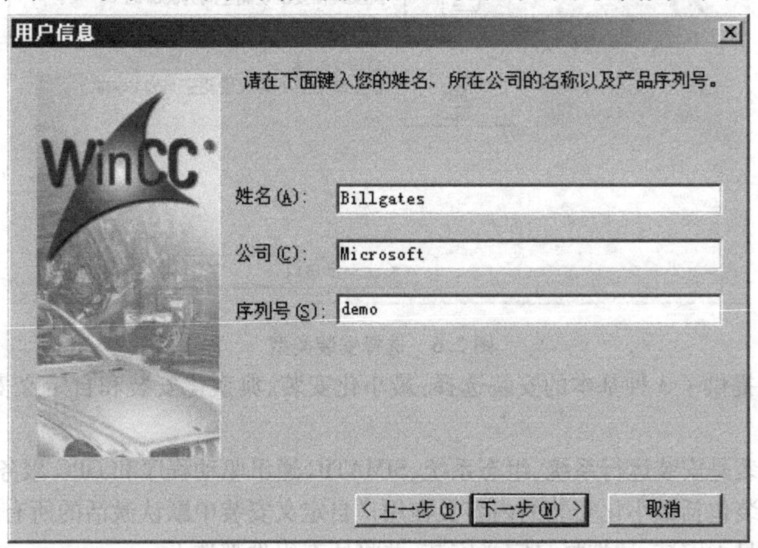

图 2.4　用户注册信息对话框

●在“用户信息”对话框中,输入相关信息以及序列号,如图2.4所示,并单击“下一步”。

●在“选择安装路径”对话框中,选择WinCC的目标文件及公共组件的安装路径,选择单击“下一步”,如图2.5所示。

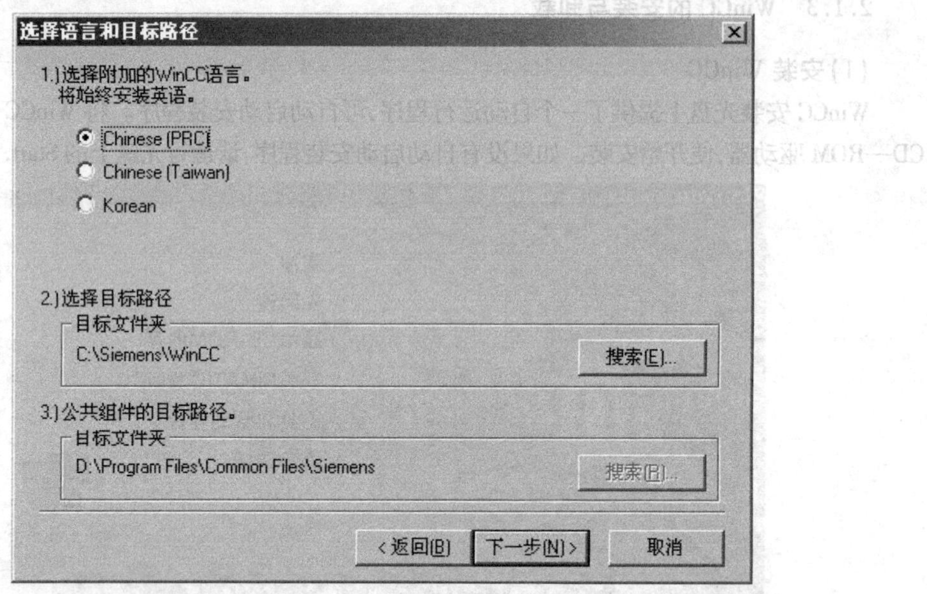

图2.5 选择安装语言

●在“选择附加的WinCC语言”对话框中,选择需要附加的语言,单击“下一步”。

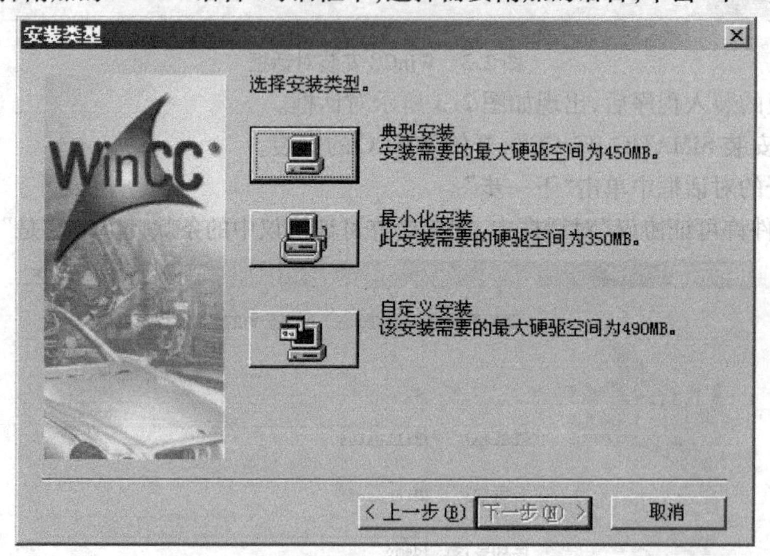

图2.6 选择安装类型

●WinCC提供了3种基本的安装选择:最小化安装、典型化安装和自定义安装,如图2.6所示。其中:

最小化安装是安装运行系统、组态系统、SIMATIC通讯驱动程序和OPC服务器。

典型化安装包括最小化安装的内容及在用户自定义安装中默认激活的所有组件。

如果需要最大安装,请选择自定义安装,并将所有组件都选上。

• 如选择“自定义安装”，则在如图2.7所示的“选择组件”对话框中选择需要安装的组件，单击“下一步”。

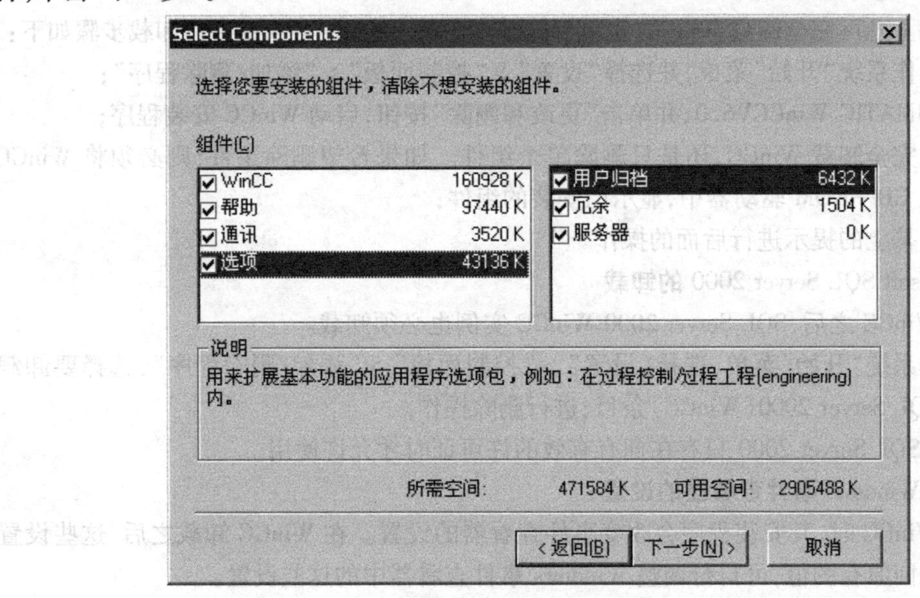

图2.7　选择需要安装的组件

• 在“授权”对话框中出现刚刚选择安装的组件需要的授权种类。由于授权也可在安装完成后再进行，可选择“否，稍后执行授权”。如果没有授权，则WinCC只能运行在演示方式下，在该方式下WinCC会在运行1小时后自动退出。单击“下一步”，如图2.8所示。

图2.8　授权对话框

• 打开“所选安装组态的概要”对话框，此对话框列出了在安装WinCC时所做的安装选择。如需要改变某些选项，单击“上一步”；如对所做的选择满意，单击“下一步”。安装程序将开始安装，把光盘上的文件复制到硬盘上。

● 在最后一个对话框中请选择“是,我想现在重新启动计算机”,完成整个安装过程。

(2) WinCC **的卸载**

在计算机上既可完全卸载 WinCC,也可删除单个组件,例如语言或组件。卸载步骤如下:

● 打开操作系统“开始”菜单,并选择“设置” > “控制面板” > “添加/删除程序”;

● 选择 SIMATIC WinCCV6.0,并单击“更改和删除”按钮,启动 WinCC 安装程序;

● 选择是完全卸载 WinCC,还是只删除单个组件。如果希望删除组件,则必须将 WinCC 安装光盘放入 CD—ROM 驱动器中,显示已安装的组件;

● 按照屏幕上的提示进行后面的操作。

(3) Microsoft SQL Server 2000 **的卸载**

在卸载 WinCC 之后,SQL Server 2000 WinCC 实例也必须卸载。

打开操作系统“开始”菜单,选择“设置” > “控制面板” > “添加/删除程序”,选择要卸载的 Microsoft SQL Server 2000(WinCC)条目,进行删除操作。

Microsoft SQL Server 2000 只有在拥有有效的许可证时才允许使用。

(4) **改变** Windows **事件查看器的设置**

当安装 WinCC 时,其安装程序会改变事件查看器的设置。在 WinCC 卸载之后,这些设置不会被自动改回原有的值,可自行调整 Windows 事件查看器中的这些设置。

在“开始”菜单中,选择“设置” > “控制面板” > “管理工具” > “事件查看器”。右击“系统”和“应用程序”(Windows XP)或“系统日志”和“应用程序日志”(Windows 2000)上的左侧子窗口,在快捷菜单中选择“属性”,打开“系统日志属性”对话框,如图 2.9 所示。

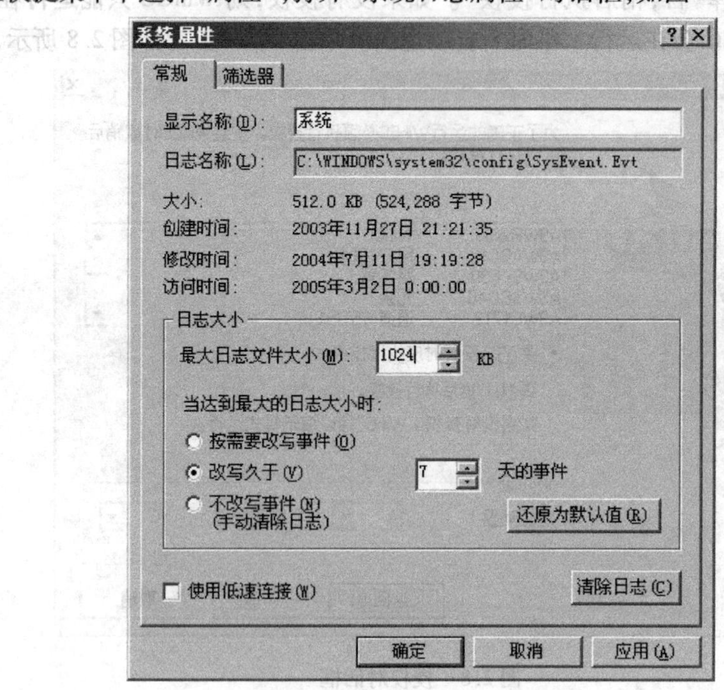

图 2.9　更改系统日志属性

在“系统日志属性”对话框中将最大日志文件大小 1 024 KB 改为原有值 512 KB。当达到最大的日志尺寸时,将“按需要改写事件”改成原有设置“改写久于 7 天的事件”。

2.2　组态第一个工程

WinCC 的基本组件是组态软件和运行软件。WinCC 项目管理器是组态软件的核心,对整个工程项目的数据组态和设置进行全面的管理。开发和组态一个项目时,使用 WinCC 项目管理器中的各个编辑器建立项目使用的不同元件。

使用 WinCC 的运行软件,操作人员可监控生产过程。

使用 WinCC 来开发和组态一个项目的步骤如下:

- 启动 WinCC;
- 建立一个项目;
- 选择及安装通讯驱动程序;
- 定义变量;
- 建立和编辑过程画面;
- 指定 WinCC 运行系统的属性;
- 激活 WinCC 画面;
- 使用变量模拟器测试过程画面。

2.2.1　建立项目

(1)启动 WinCC

启动 WinCC,单击"开始">"SIMATIC">"WinCC">"Windows Control Center"菜单项,如图 2.10 所示。

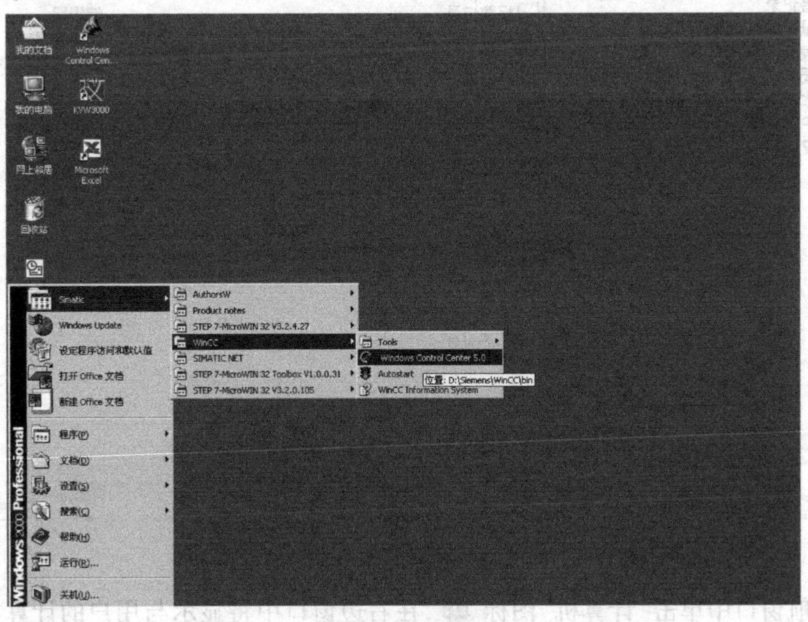

图 2.10　启动 WinCC

(2) 建立一个新项目

第一次运行 WinCC 时,出现一个对话框,选择建立新项目的类型包括以下 3 种:

——单用户项目;

——多用户项目;

——客户机项目。

如果希望编辑和修改已有项目,可选择“打开已存在的项目”。

建立 Qckstart 项目的步骤如下:

● 选择“单用户项目”,并单击“确定”按钮。

● 在“新项目”对话框中输入 Qckstart 作为项目名,并为项目选择一个项目路径。如有必要可以对项目路径重新命名;否则,将以项目名作为路径中最后一层文件夹的名字。

本次关闭 WinCC 前所打开的项目,在下一次启动 WinCC 时将自动打开。如果本次关闭 WinCC 前项目是激活的,则下一次启动 WinCC 是也将自动激活所打开的项目。

● 打开 WinCC 资源管理器如图 2.11 所示,实际窗口内容根据配置情况有细微差别。窗口的左边为浏览窗口,包括所有已安装的 WinCC 组件。有子文件夹的组件在其前面标有符号“+”,单击此符号可显示此组件下的子文件夹。窗口右边显示左边组件或文件夹所对应的元件。

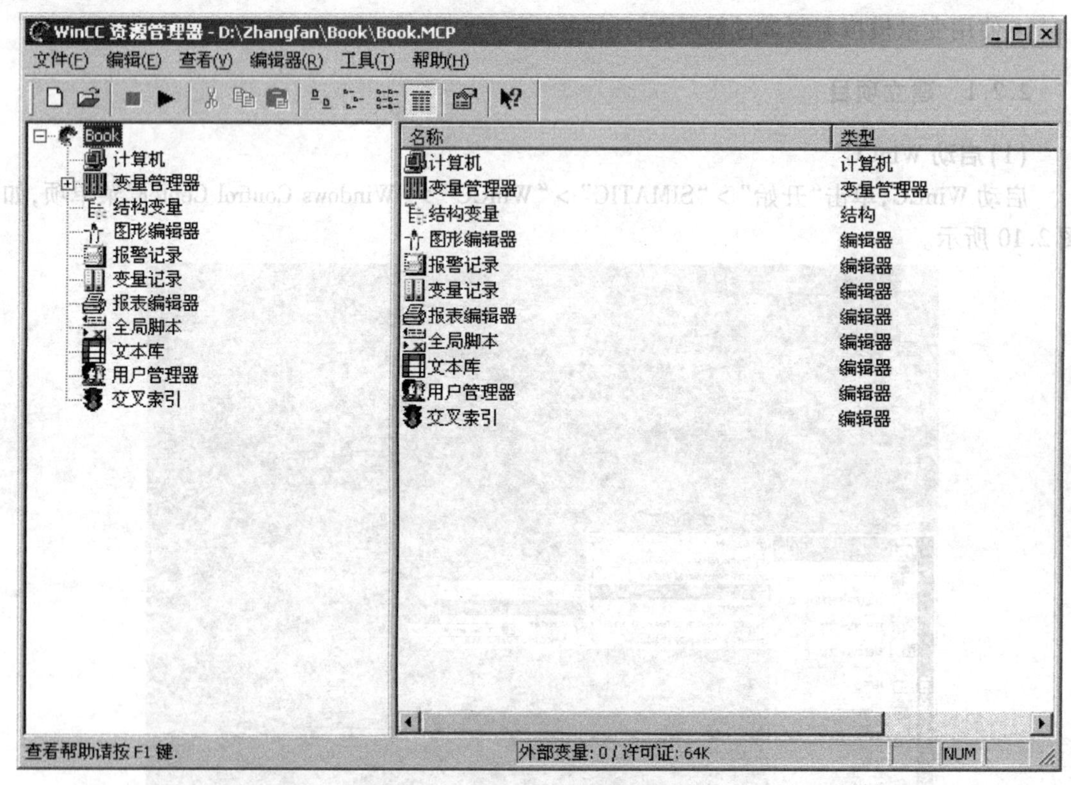

图 2.11　WinCC 资源管理器

● 在导航窗口中单击“计算机”图标,在右边窗口中将显示与用户的计算机名一样的计算机服务器。右击此计算机,在快捷菜单中选择“属性”菜单项,在随后打开的对话框中可设置 WinCC 运行时的属性,如设置 WinCC 运行系统的启动组件和使用的语言等。

2.2.2　组态项目

(1) 组态变量

1) 添加逻辑连接

若要使用 WinCC 来访问自动化系统(PLC)的当前过程值,则在 WinCC 与自动化系统间必须组态一个通讯连接。通讯将由称作通道的专门的通讯驱动程序来控制。WinCC 有针对自动化系统 SIMATIC S5/S7/505 的专用通道以及与制造商无关的通道,例如 PROFIBUS-DP 和 OPC。

- 添加一个通讯驱动程序,右击浏览窗口中的“变量管理”,在快捷菜单中选择“添加新的驱动程序”,菜单项如图 2.12 所示。

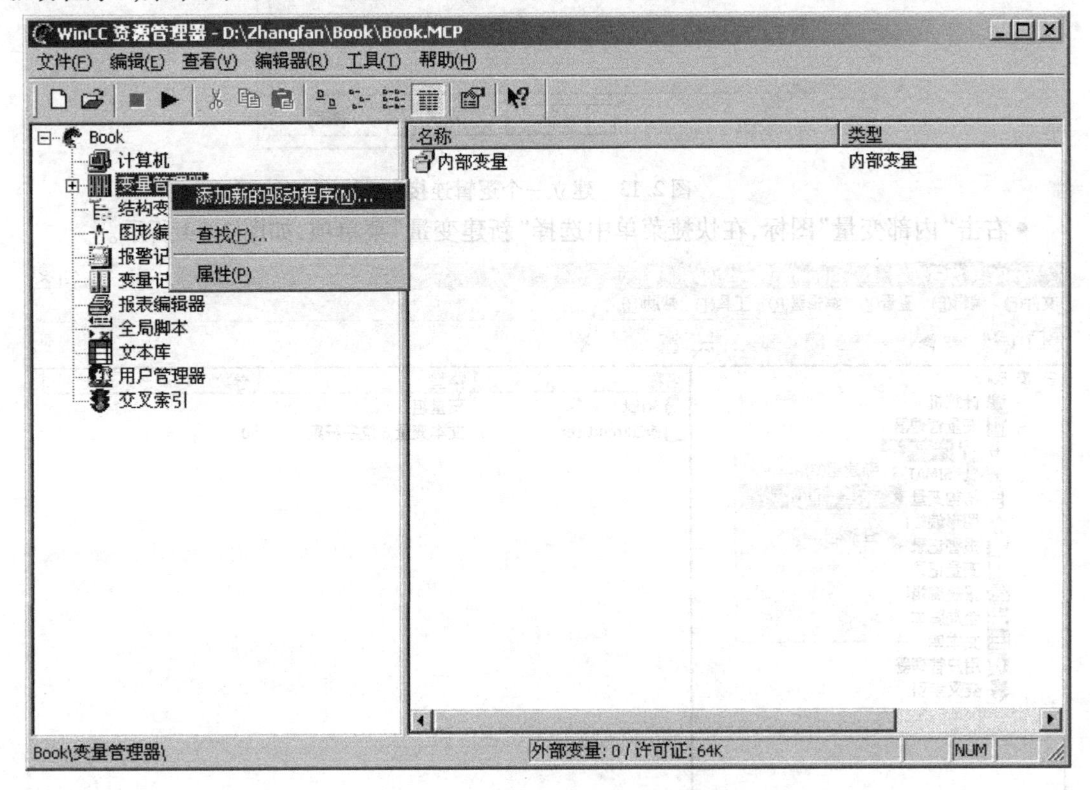

图 2.12　添加一个通讯驱动程序

- 在“添加新的驱动程序”对话框中,选择一个驱动程序,例如选择 SIMATIC S7 Protocol Suite. chn,并单击“打开”按钮,所选择的驱动程序将显示在变量管理的子目录下。
- 单击所显示的驱动程序前面的“+”,将显示当前驱动程序所有可用的通道单元。通道单元可用于建立与多个自动化系统的逻辑连接,逻辑连接表示与单个的、已定义的自动化系统的接口。
- 右击 MPI 通道单元,在快捷菜单中选择“新驱动程序的连接”菜单项。在随后打开的如图 2.13 所示的“连接属性”对话框中输入 PLC 作为逻辑连接名,单击“确定”按钮。

2) 建立内部变量

- 如果 WinCC 资源管理器“变量管理”节点还没有展开,可双击“变量管理”子目录。

图 2.13　建立一个逻辑连接

• 右击“内部变量”图标，在快捷菜单中选择“新建变量”菜单项，如图 2.14 所示。

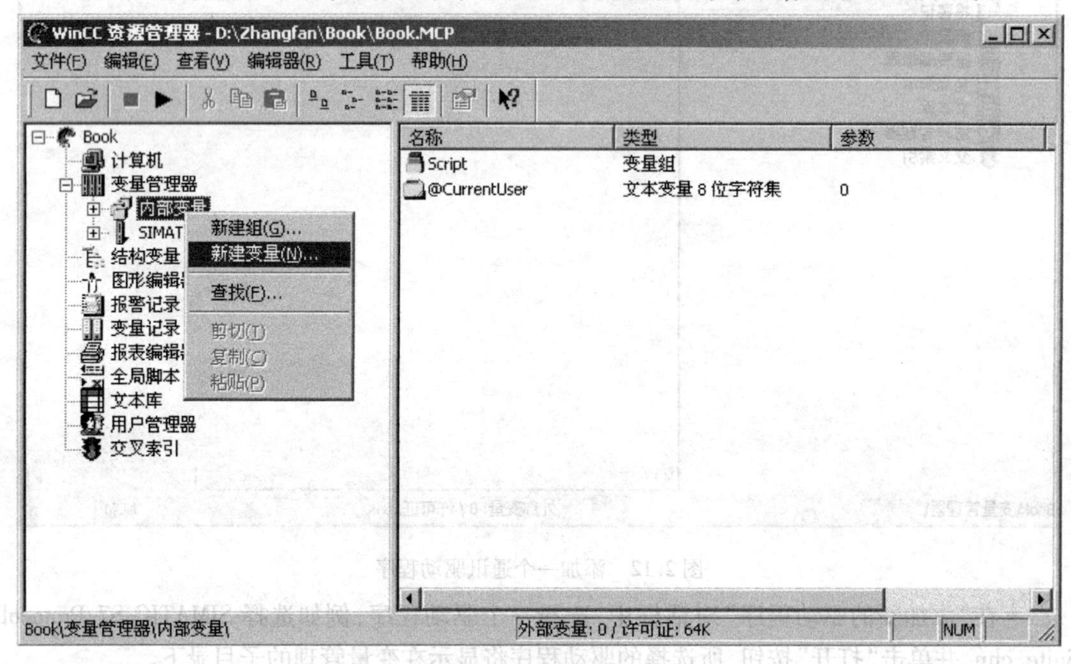

图 2.14　建立内部变量

• 在“变量属性”对话框中，将变量命名为 TankLevel。在数据类型列表框中，选择数据类型为“有符号 16 位数”，单击“确定”按钮，确认输入，如图 2.15 所示。所建立的所有变量显示在 WinCC 项目管理器的右边窗口中。

如需要创建其他的内部变量，可重复上述操作，还可对变量进行复制、剪切、粘贴等操作，快速建立多个变量。

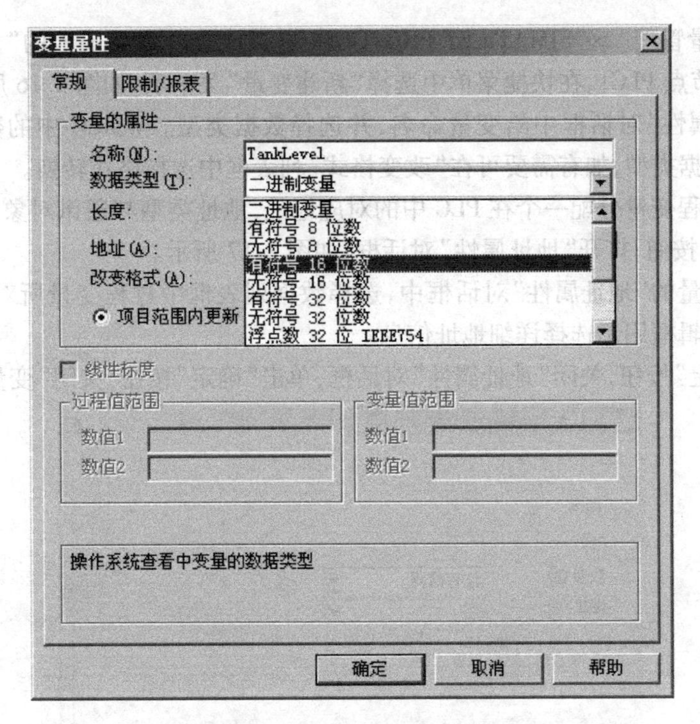

图 2.15　设置内部变量的属性

3)建立过程变量

●在建立过程变量前,必须先安装一个通讯驱动程序和建立一个逻辑连接,在前面已建立了一个命名为 PLC1 的逻辑连接。

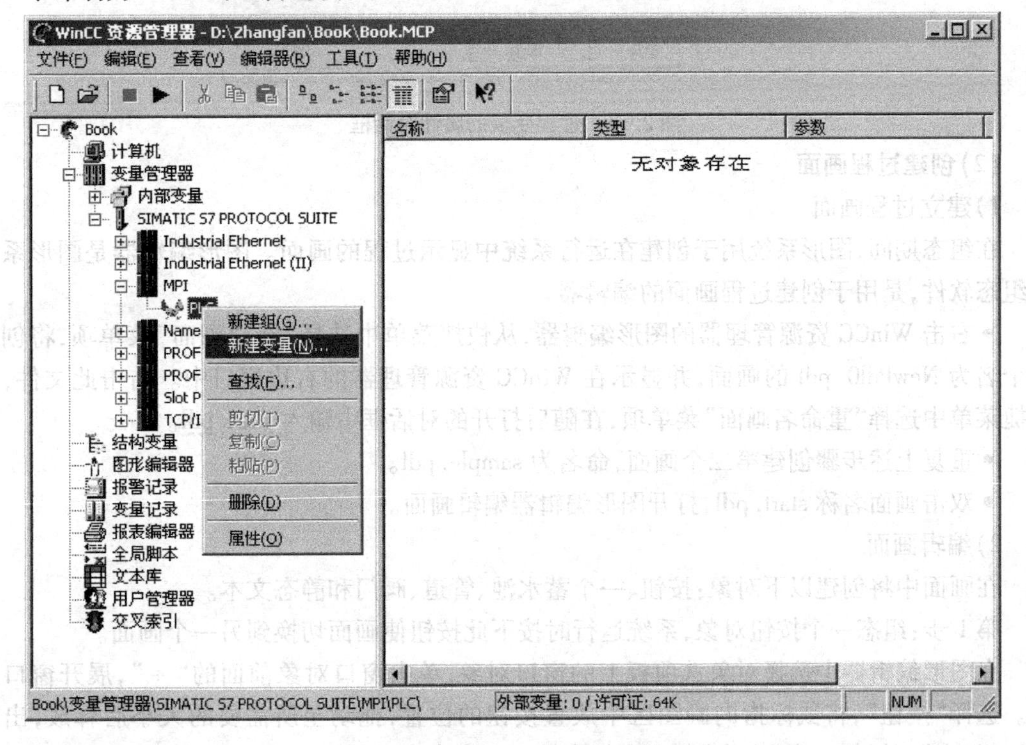

图 2.16　建立一个过程变量

• 单击“变量管理” > “SIMATICS7 PROTOCOl SUITE” > “MPI”前面的“ + ”，展开各自节点，右击出现的节点 PLC1，在快捷菜单中选择“新建变量”菜单项，如图 2.16 所示。

• 在“变量属性”对话框中给变量命名，并选择数据类型。WinCC 中的数据类型有别于 PLC 中使用的数据类型，如有需要可在“改变格式”列表框中选择格式转换。

• 必须给过程变量分配一个在 PLC 中的对应地址，地址类型与通讯对象相关。单击地址域旁边的“选择”按钮，打开“地址属性”对话框，如图 2.17 所示。

• 在过程变量的“地址属性”对话框中，选择数据列表框中过程变量所对应的存储区域。地址列表框和编辑框用于选择详细地址信息。

• 单击“确定”按钮，关闭“地址属性”对话框，单击“确定”按钮，关闭“变量属性”对话框。

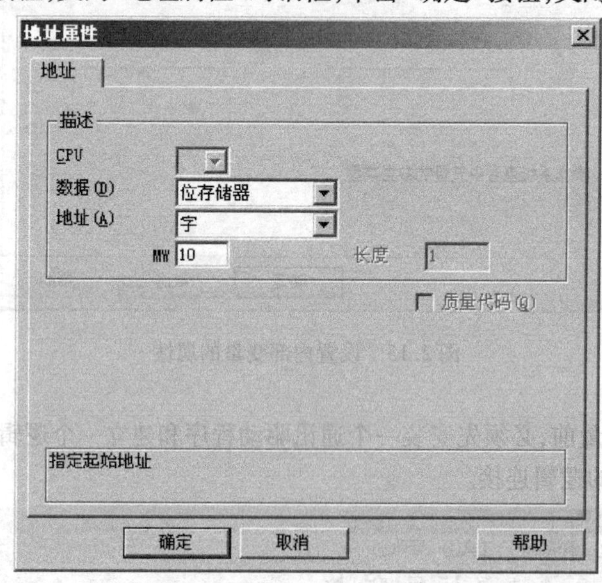

图 2.17　过程变量的属性对话框

(2) 创建过程画面

1) 建立过程画面

在组态期间，图形系统用于创建在运行系统中显示过程的画面。图形编辑器是图形系统的组态软件，是用于创建过程画面的编辑器。

• 右击 WinCC 资源管理器的图形编辑器，从快捷菜单中选择“新建画面”菜单项，将创建一个名为 NewPdl0. pdl 的画面，并显示在 WinCC 资源管理器的右边窗口中。右击此文件，从快捷菜单中选择“重命名画面”菜单项，在随后打开的对话框中输入 start. pdl。

• 重复上述步骤创建第二个画面，命名为 sample. pdl。

• 双击画面名称 start. pdl，打开图形编辑器编辑画面。

2) 编辑画面

在画面中将创建以下对象：按钮、一个蓄水池、管道、阀门和静态文本。

第 1 步：组态一个按钮对象，系统运行时按下此按钮使画面切换到另一个画面。

在图形编辑器中选择对象选项板上的窗口对象，单击窗口对象前面的“ + ”，展开窗口对象。选择“按钮”，将鼠标指向画图区中放置按钮的位置，拖动至所需要的大小后释放，出现“按钮组态”对话框。在“文本”的文本框中输入文本内容，如输入 sample。单击对话框底部的

图标 ，打开“画面”对话框，选择需要切换的画面，如图 2.18 所示。关闭对话框，并单击工具栏上的 按钮，保存画面。

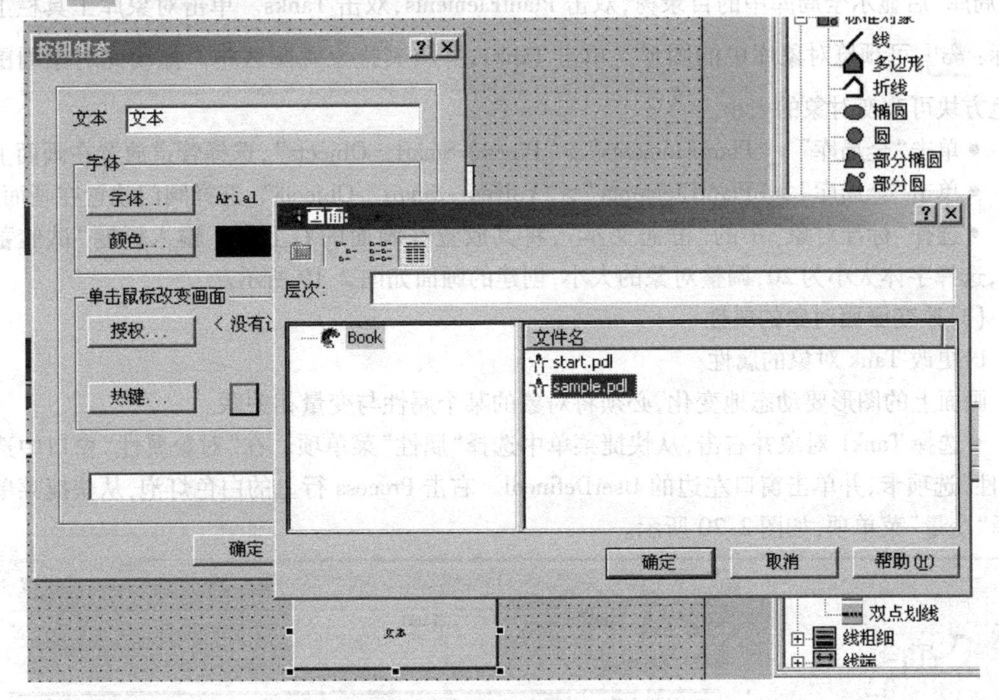

图 2.18　组态画面中的按钮

为在切换到另一个画面时能回到本画面，在画面 sample. pdl 中应组态另一按钮。在“按钮组态”对话框中的“单击鼠标改变画面”文本框中选择 start. pdl。

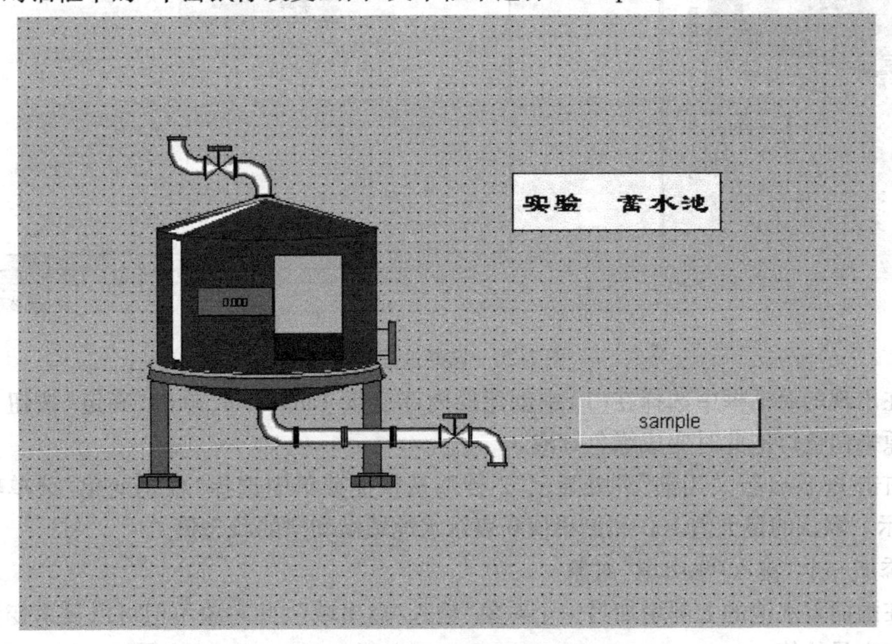

图 2.19　创建的画面

第 2 步:将在画面上组态蓄水池、管道、阀门。

● 选择菜单"查看" > "库"或单击工具栏上的图标: ,显示对象库中的对象目录。双击"全局库"后显示全局库中的目录树,双击 PlantElements,双击 Tanks。单击对象库工具栏上的图标: ,可预览对象库中的图形。单击 Tank1,并将其拖至画图区中。拖动此对象周围的黑色方块可改变对象的大小。

● 单击"全局库" > "PlantElements" > "Pipes—Smart Objects",选择管道放置在画面上。

● 单击"全局库" > "PlantElements" > "Valves—Smart Objects",选择阀门放置在画面上。

● 选择"标准对象"中的"静态文本",将其放置在画面的右上角。输入标题"试验蓄水池",选择字体大小为 20,调整对象的大小,创建的画面如图 2.19 所示。

(3) 改变画面对象的属性

1) 更改 Tank 对象的属性

画面上的图形要动态地变化,必须将对象的某个属性与变量相关联。

● 选择 Tank1 对象并右击,从快捷菜单中选择"属性"菜单项。在"对象属性"窗口中选择"属性"选项卡,并单击窗口左边的 UserDefinedl。右击 Process 行上的白色灯泡,从快捷菜单中选择"变量"菜单项,如图 2.20 所示。

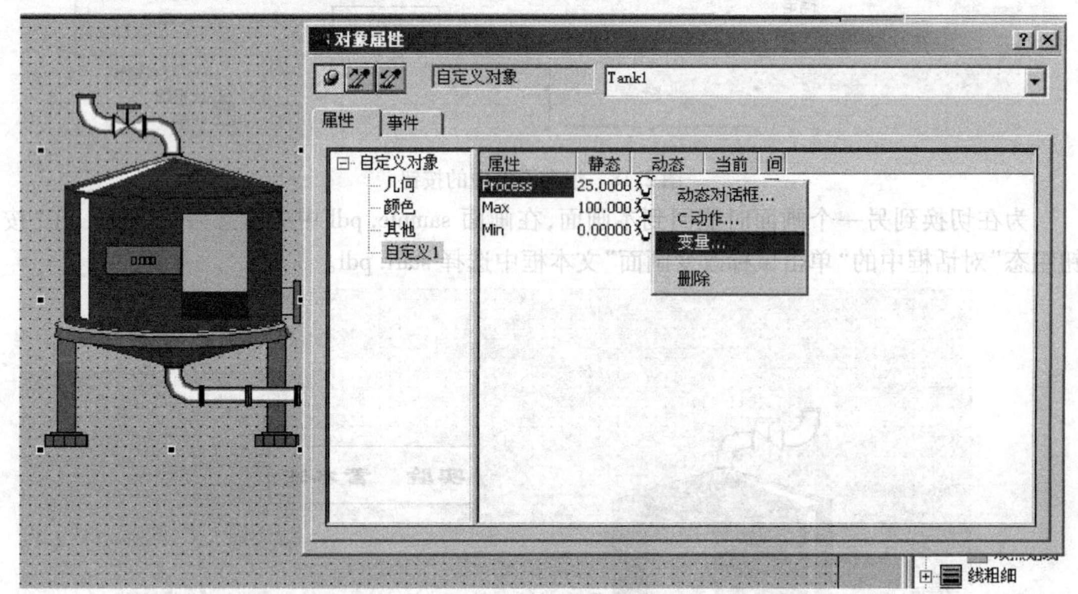

图 2.20 选择过程变量

● 在出现的对话框中选择在(1)中创建的内部变量 TankLevel,单击"确定"按钮,退出对话框。原来白色灯泡此时变成绿色灯泡。

● 右击 Process 行,"当前"列处显示"2 秒",从快捷菜单中选择"根据变化"菜单项,如图 2.21 所示。默认的最大值 100 和最小值 0 表示水池填满和空的状态值。

2) 添加一个"输入/输出域"对象

将在画面蓄水池的上部增加另一个对象"输入/输出域",此对象不但可以显示变量值,还可以改变变量的值。

● 在对象选项板上,选择"智能对象" > "输入/输出域"。

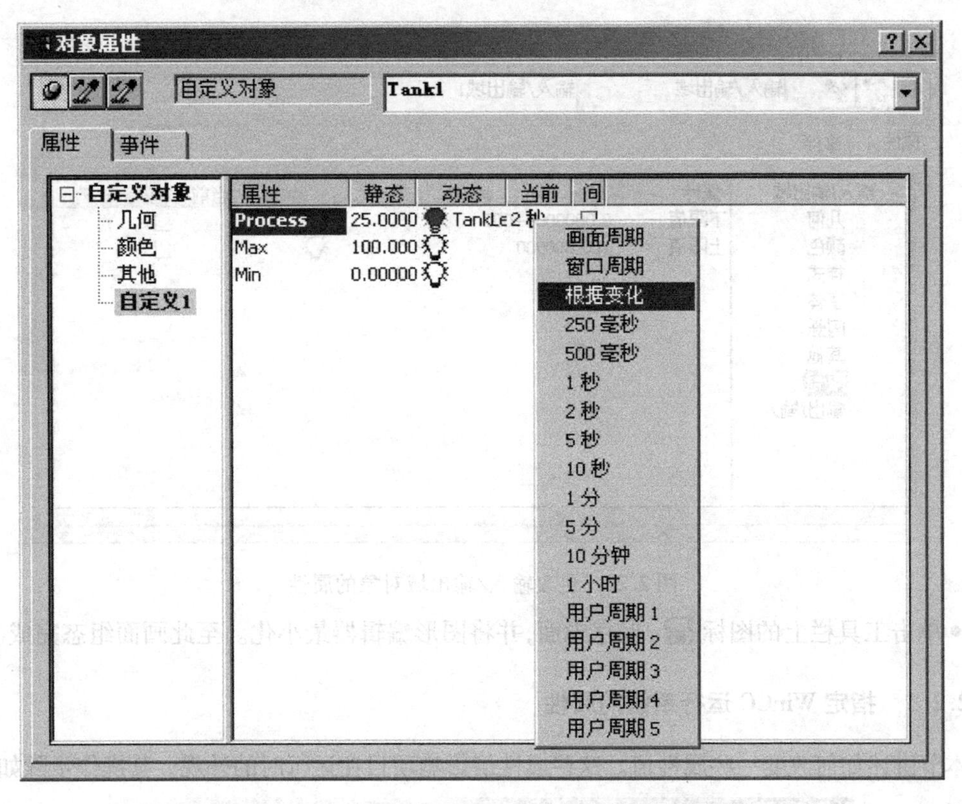

图 2.21 选择更新周期

• 将“输入/输出域”放置在绘图区中，并拖动到要求的大小后释放，出现“I/O 域组态”对话框，如图 2.22 所示。

• 单击图标 ，打开变量选择对话框，选择变量 TankLevel。

• 单击更新周期组合框右边的箭头，选择“500 毫秒”作为更新周期。

• 单击“确定”按钮，退出对话框。

注意：如果在完成设置前意外地退出“I/O 域组态”对话框或其他对象的组态对话框，则右击需要组态的对象，从快捷菜单中选择“组态”对话框，可继续组态。

3）更改输入/输出域对象的属性

• 右击刚刚创建的“输入/输出域”对象，从快捷菜单中选择“属性”菜单项。

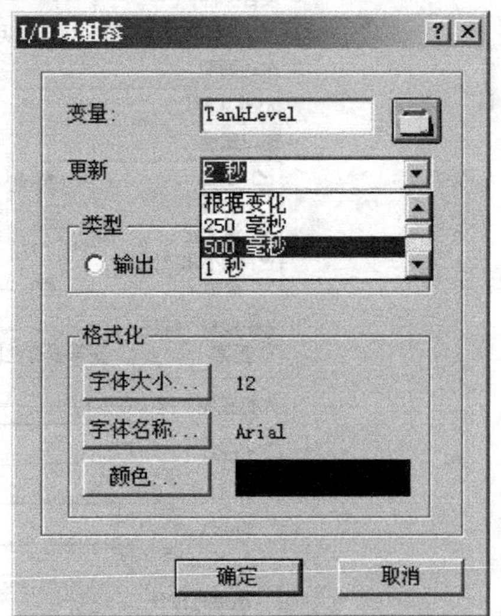

图 2.22 “I/O 域组态”对话框

• 在“对象属性”窗口上，单击“属性”选项卡，如图 2.23 所示，选择属性“限制值”。

• 双击窗口右边的“下限值”。在随后打开的对话框中输入 0，单击“确定”按钮。

• 双击窗口右边的“上限值”。在随后打开的对话框中输入 100，单击“确定”按钮。

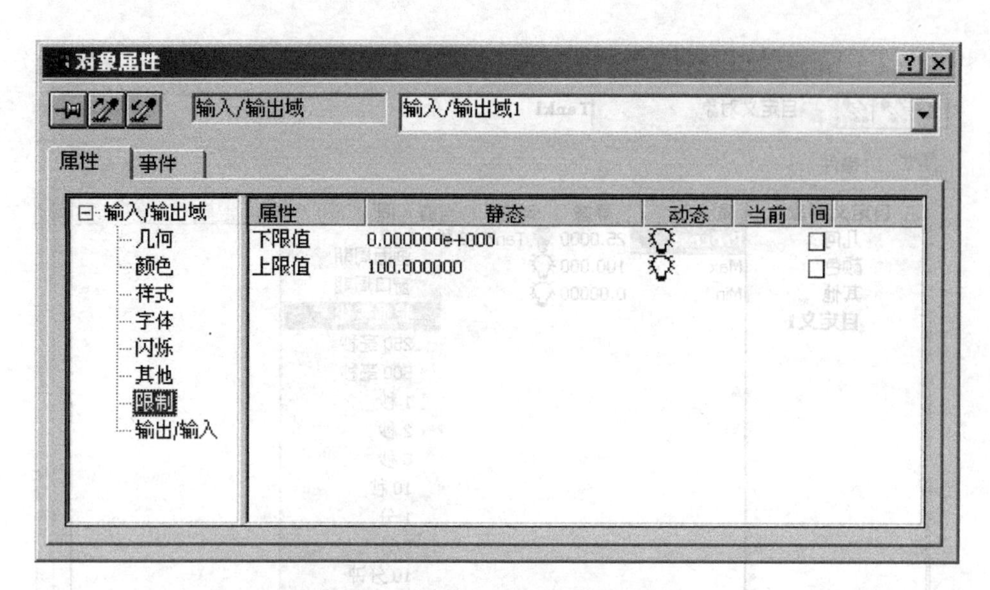

图 2.23　更改输入/输出域对象的属性

• 单击工具栏上的图标 ，保存画面，并将图形编辑器最小化。至此画面组态完成。

2.2.3　指定 WinCC 运行系统的属性

本节讲述如何改变一些属性值。这些属性值影响项目在运行时的外观。其操作步骤如下：

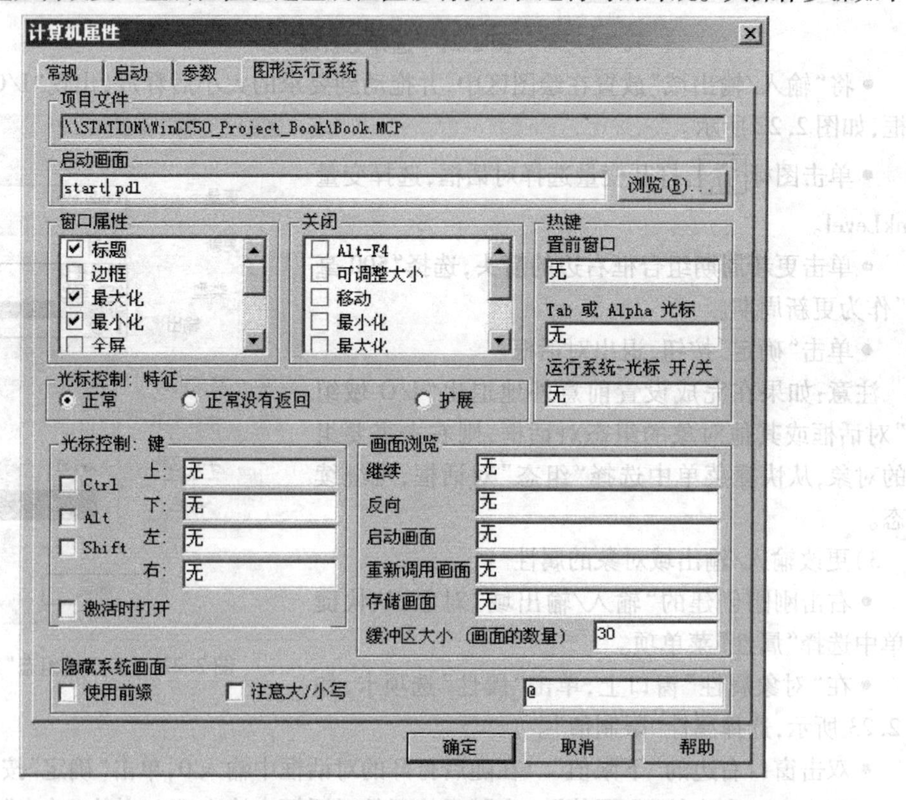

图 2.24　设置工程运行时的属性

• 单击 WinCC 项目管理器浏览窗口上的 图标。

• 在右边窗口中,右击以你计算机名字命名的服务器。从快捷菜单中选择“属性”菜单项,打开“计算机属性”对话框,选择“图形运行系统”选项卡,设置项目运行时的外观,如图2.24所示。单击窗口右边的“浏览”按钮,选择 start. pdl 作为系统运行时的启动画面。

• 选择“标题”、“最大化”和“最小化”作为窗口的属性。单击“确定”按钮,关闭对话框。

2.2.4 运行工程

选择 WinCC 资源管理器主菜单“文件”→“激活”,也可直接单击工具栏上的图标 ▶,运行工程。运行效果如图 2.25 所示。

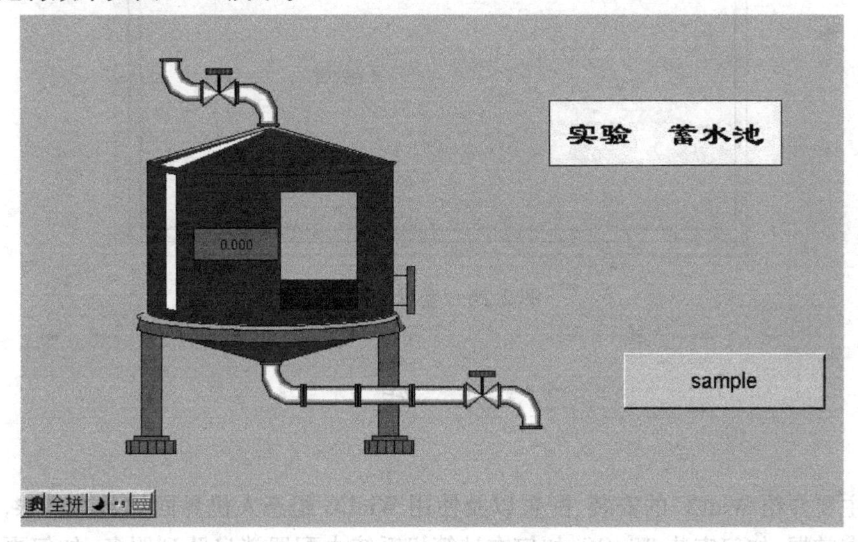

图 2.25 工程的运行画面

2.2.5 使用变量模拟器

如果 WinCC 没有连接到 PLC,而又想测试项目的运行状况,则可使用 WinCC 提供的工具软件变量模拟器(WinCC Tag Simulator)来模拟变量的变化。

• 单击 Windows 任务栏的“开始”,并选择“SIMATIC”→“WinCC”→“Tools”菜单项,单击 WinCC Tag Simulator,运行变量模拟器。

注意:只有当 WinCC 项目处于运行状态时,变量模拟器才能正确地运行。

• 在 Simulation 对话框中,选择“Edit”→“NewTag”菜单项,从变量选择对话框中选择 TankLevel 变量。

• 在“属性”选项卡上,单击 Inc 选项卡,选择变量仿真方式为增 1。

• 输入起始值为 0,终止值为 100,并选中右下角的“激活”复选框,如图 2.26 所示。在 List of Tags 选项卡上,单击 Start Simulation 按钮,开始变量模拟。TankLevel 值会不停地变化。

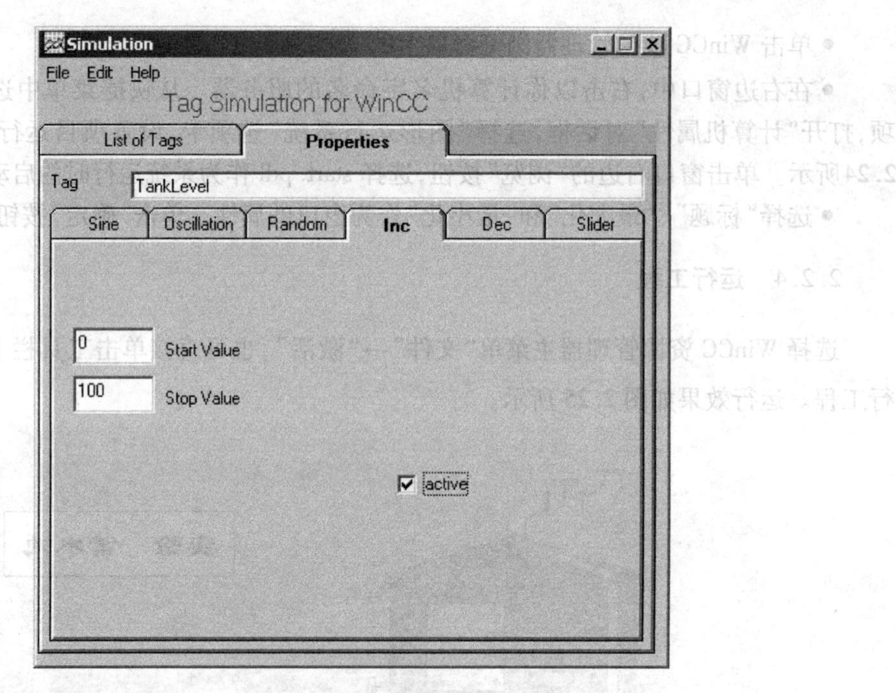

图 2.26　变量模拟器

小　结

本章主要介绍 WinCC 的安装、配置以及使用 WinCC 组态人机界面的基本步骤，通过本章的学习要求掌握：如何安装 WinCC；如何在计算机系统中配置消息队列服务；如何更改系统日志；了解使用 WinCC 进行组态的基本步骤。

习　题

1. 请简要说明 WinCC 安装的系统需求。
2. 请说明在 Windows 操作系统中安装消息队列的基本步骤。
3. 请总结组态一个 WinCC 项目必须经过哪些步骤。
4. 如何使用变量模拟器进行变量的模拟？

第3章 控制中心

3.1 在控制中心中创建新的项目

3.1.1 启动 WinCC

启动 WinCC 的方法可见第 2 章,这里就不再赘述。

3.1.2 在 WinCC 中创建一个新的项目

当我们第一次启动 WinCC 时,会有如图 3.1 所示的向导画面出现。它将指导用户建立一个新的项目或打开一个已有的项目。其中,单用户项目对应一个独立的 WinCC 应用,多用户系统对应一个 WinCC 服务器应用,WinCC 客户机可以通过 TCP/IP 网络访问该应用。在控制中心工具条上选择"File→New",也可以打开该向导。

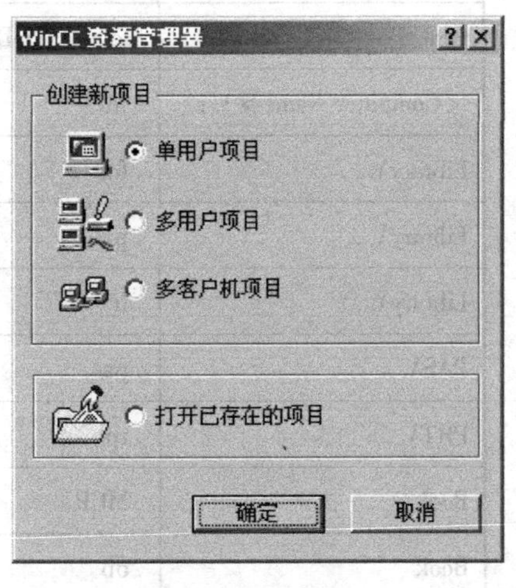

图 3.1 项目向导

选择单用户项目,点击确定按钮,一个新的窗口将出现,通过在指定的空行中输入项目名,建立一个新的项目,如图 3.2 所示。

用户可通过在文件夹列表框中点击[...]来浏览想要放置项目的驱动器和文件夹。

注:在用户输入项目名后将有一个"新的子文件夹"出现,我们可以新建一个名为 MyFirst-Project 的新项目。

在建立项目的同时,WinCC 将建立一个项目文件夹,带有不同的子文件夹,文件和样板数据库用于项目的内部需要。注意,有两个数据库生成。一个是组态数据库,名为 <项目名>.db,

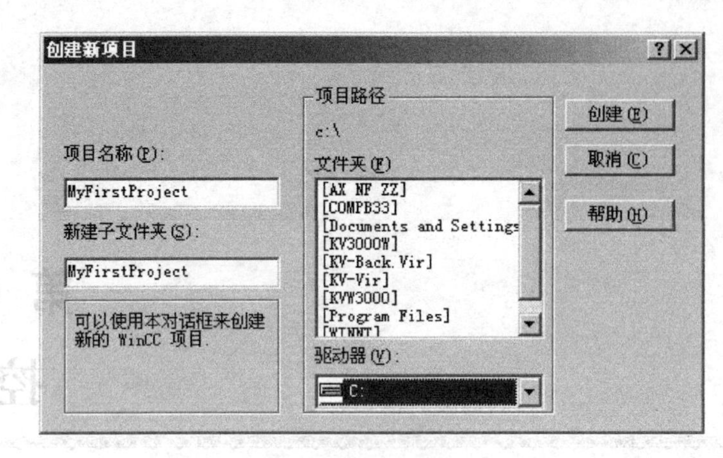

图 3.2　为新建的项目命名

它含有项目的所有项目的所有组态数据的样板和表格。例如,在组态数据库中所含有的数据为变量和变量组,PLC 连接属性,报警组态,档案库组态,用户数据以及字库的输入。另一个生成的数据库,名为<项目名>.RT.db,含有所有存档的过程数据,包括报警和信息,变量记录档案库和用户档案库,这些档案库的样板将保存在组态数据库中,但是,实际存档的数据将保存在运行数据库中。

3.1.3　WinCC 项目文件夹的内容

当一个新的项目生成时,在主项目文件夹下将生成下列文件和文件夹(如图 3.3 所示)。

文件夹/文件名	文件后缀	描　述
GraCS\..	.pdl,.sav	在图形编辑器中生成的图形文件及备份
GraCS\..	Default.PDD	图形编辑器的组态设置
<Computer Name>\..	.ini	为项目中列出的每个 PC 保持编辑器组态文件
Library\..	.fct	在全局脚本中生成的项目函数文件
Library\..	.pxl	项目图库
Library\..	.h	C 头文件
PAS\..	.pas	在全局脚本中生成的全局动作功能文件
PRT\..	.rpl	报表设计器的布局
Book	.MCP	项目执行文件
Book	.db	组态数据库
Book.RT	.db	运行数据库
Book.RT	.log	数据库有效性的文本存档

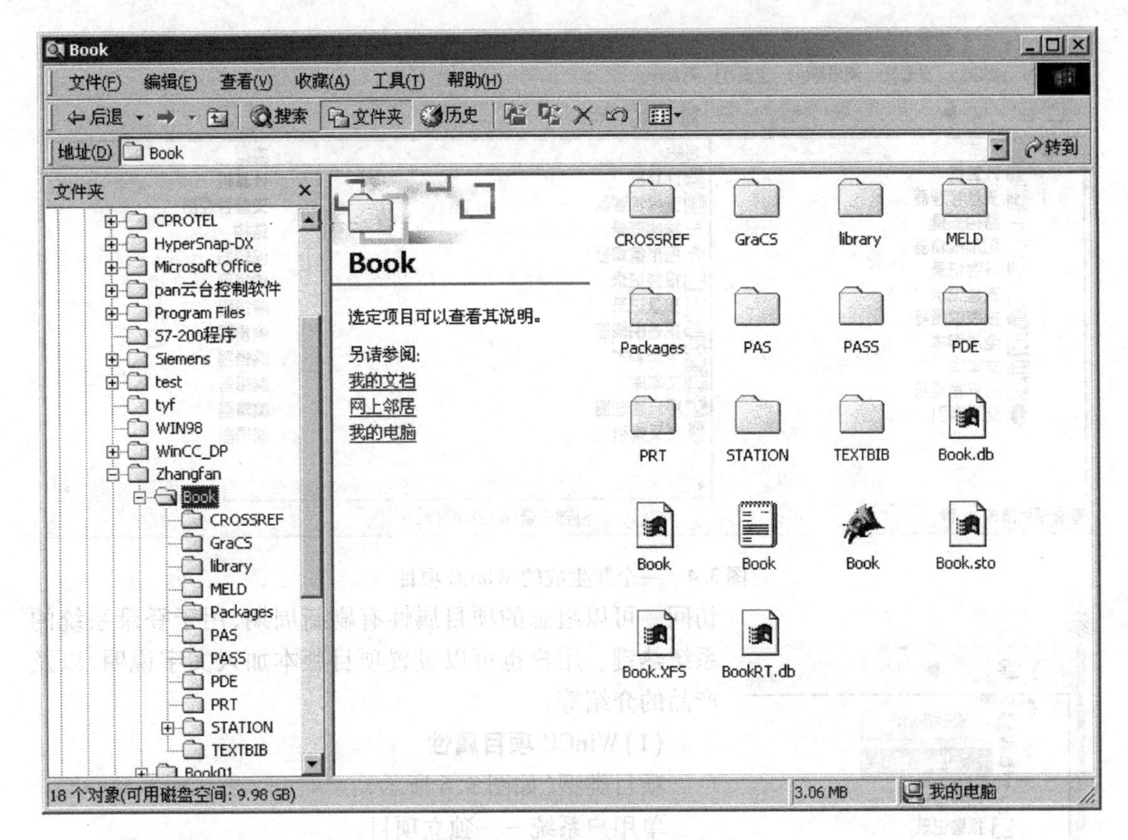

图3.3 项目文件夹的内容

3.1.4 WinCC 项目和 PC 起名习惯的注意事项

WinCC 允许用户使用 Microsoft 的长文件名(LFN)的习惯,但最好使用短的项目名,便于记忆。在项目名中不允许使用空格符号,特殊符号也会产生干扰,因为该项目可能与 SQL Server 数据库或其他程序相互影响。同样地,也不能用用户计算机的 NETBIOS(网络输入输出系统)名(或简单说,用户的计算机名),它用于数据库作为激活的数据库名。当 WinCC 打开项目的时候,SQL 打开数据库管理器应用名 <计算机名>_1,或.. _N。如果用户在其 PC 名称中使用下划线字符,将会与 WinCC 客户机/服务器功能相互干扰。同样,许多允许用于计算机的字符也将会与数据库相互干扰。建议不要使用逗号、空格、下划线及其他字符。

3.2 项目的属性设置

3.2.1 项目属性

图3.4 是新生成的 WinCC 项目。

在左栏,我们可以找到项目的名称,这里是 Book,在它下面的每个图标都是一个 WinCC 编辑器,我们将使用它们组态或设计项目中的所有部分。在这里我们可以通过单击鼠标右键来修改项目属性,如图3.5 所示。同样,WinCC 中的任何编辑器或管理器都可以采用该方法去

图 3.4　一个新生成的 WinCC 项目

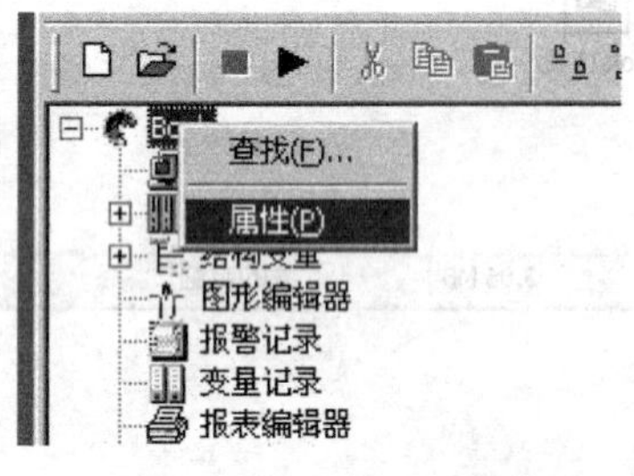

图 3.5　用右键打开项目属性

访问。可以组态的项目属性有刷新周期、用于登录系统的系统热键。用户也可以设置项目版本加入文字说明,以及产品的介绍等。

(1) WinCC 项目属性

项目类型(如图 3.6 所示):

单用户系统——独立项目。

多用户系统——通过网络访问项目。

修改者:最后更新项目的最后 NT 用户。

修改日期:最后更新的时间标志。

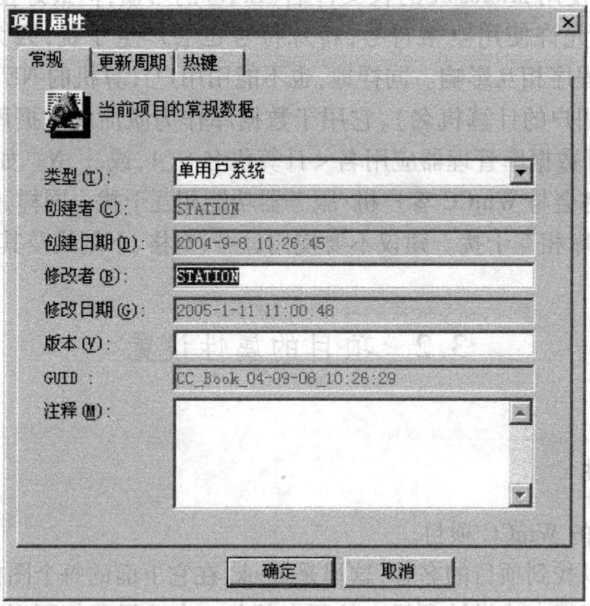

图 3.6　项目常规属性

版本:允许用户设置项目的版本信息。

注释:用户可输入有关项目的文字说明。

注意:项目类型可随时从单用户项目改为多用户项目,但必须重新启动 WinCC 才会生效。

(2)刷新周期

刷新周期是按标准递增,用户可用于组态多长时间 WinCC 数据管理器访问一次过程数据(变量标签),或为脚本或动态功能设置触发时基(如图3.7所示)。这将使用户优化其项目达到最佳性能。标准时间范围从 250 ms 到 1 h,用户可以编辑多达5个用户周期。

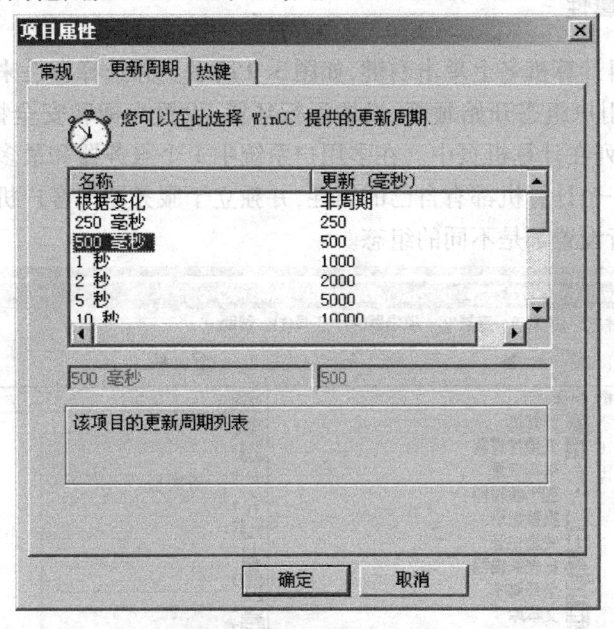

图3.7　项目刷新周期属性

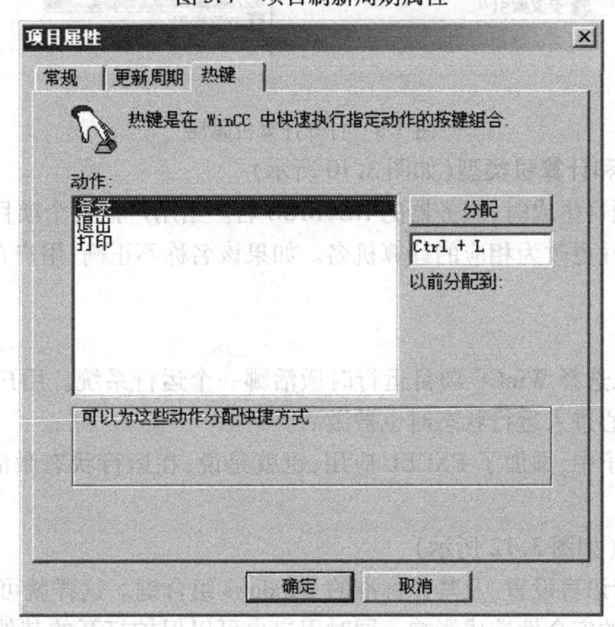

图3.8　热键

(3)热键

热键是捷径,使用户通过按键盘上的一个键或组合键来完成某项任务(如图3.8所示)。

登录:调出WinCC登录输入窗口。它只有在WinCC的用户管理编辑器中,至少有一个组态的用户时,才能工作。

退出:当前用户退出。任何时候只能有一个用户在登录状态。

打印:从打印机上打印当前的窗口。

3.2.2 计算机属性

用户可以在项目计算机名上单击右键,如图3.9所示。并选择属性来组态计算机的属性。计算机属性页允许用户组态开始画面、设置运行环境、设置光标和安全特性。在单用户系统中,只有一个计算机列在计算机页中。在多用户系统中1个服务器和最多16个客户机可加入到其中。列出的每一个计算机都有自己的属性,并独立于服务器在客户机上自己设置,这就意味着每个站点的运行设置都是不同的组态。

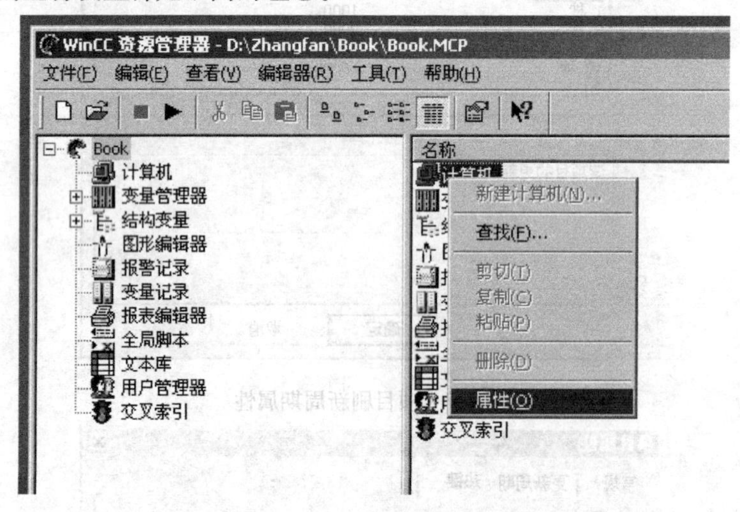

图3.9 打开计算机属性

(1)计算机名称和计算机类型(如图3.10所示)

计算机名称是项目生成时,服务器的NETBIOS名。当用户把某个项目移植到另一台计算机上时,需要把该属性更改为相应的计算机名。如果该名称不正确,用户在运行项目时将出现一个出错信息。

(2)启动标号页

启动标号页用来选择WinCC项目运行时激活哪一个运行系统。用户也可以定义一个外部应用,当从控制中心进入运行状态时也被激活。

在图3.11的例子中,添加了EXCEL应用,也就是说,在运行状态激活的同时,EXCEL也将运行。

(3)参数标号页(如图3.12所示)

本页让用户进行语言设置,及禁止标准的Windows组合键。这样就可以"关掉"组合键功能,防止它们对项目的安全性造成影响。同时用户也可以保护打开的其他应用或防止他人修改项目的组态设置。

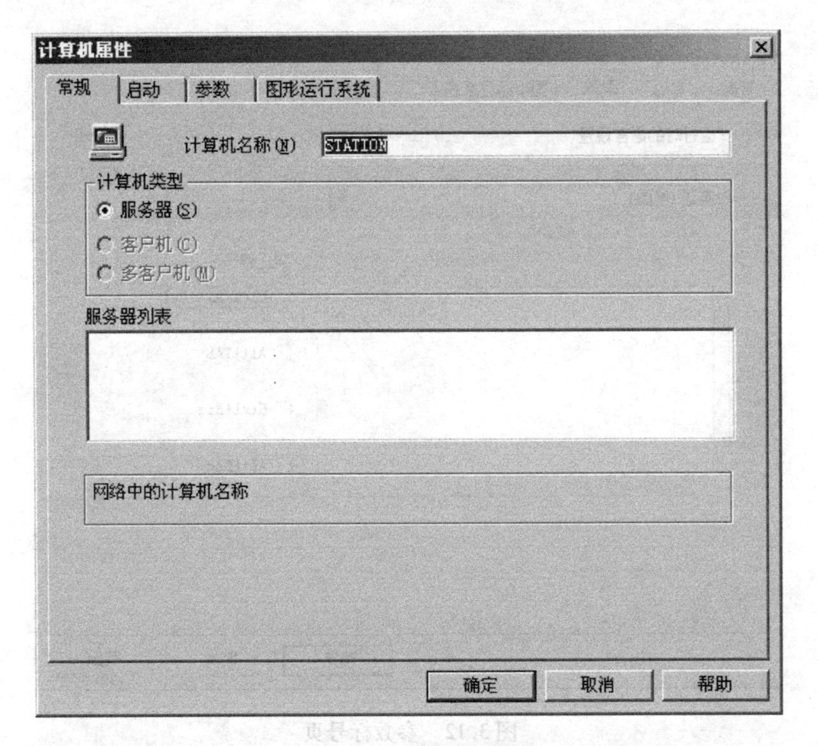

图3.10 计算机名称

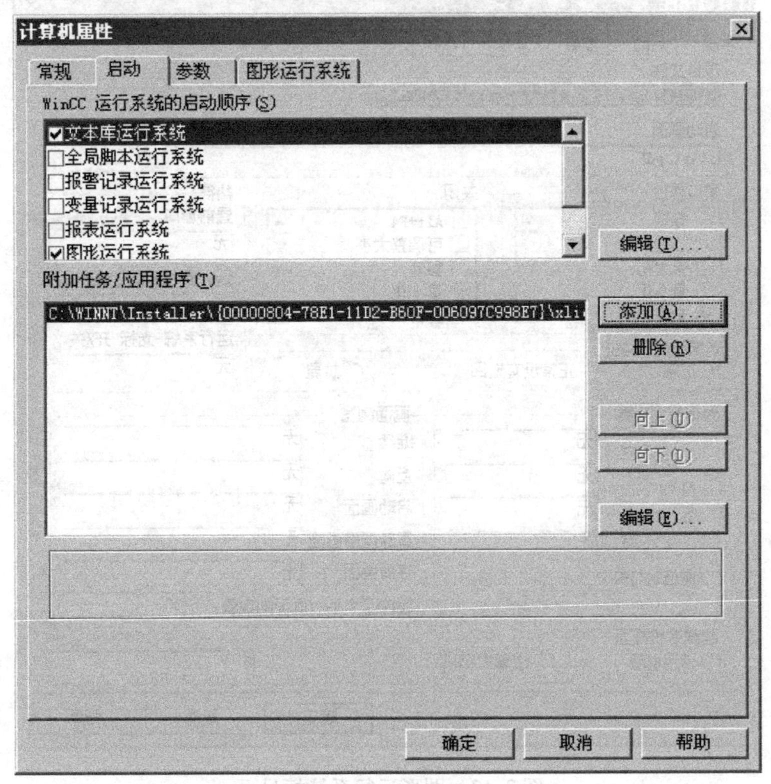

图3.11 启动标号页

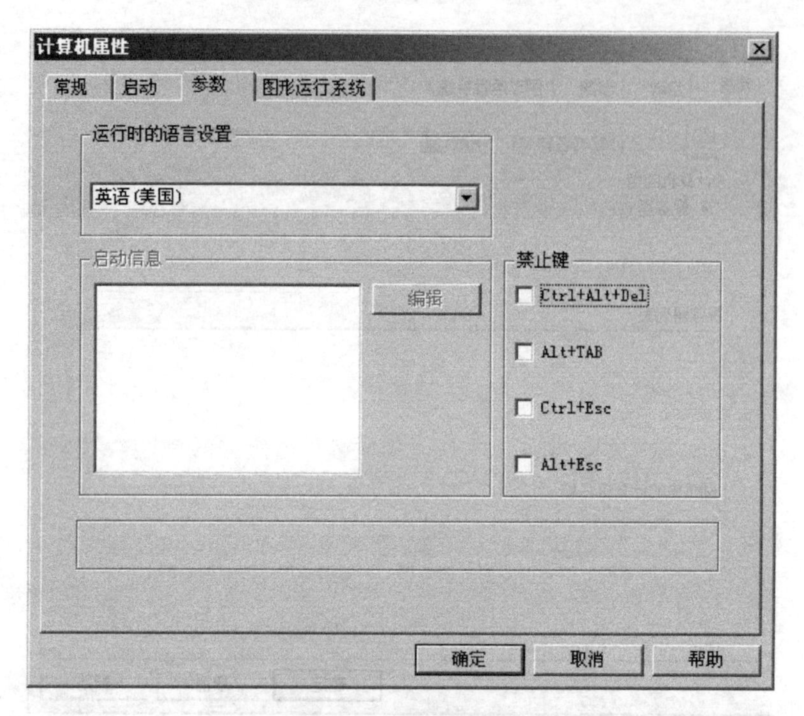

图 3.12　参数标号页

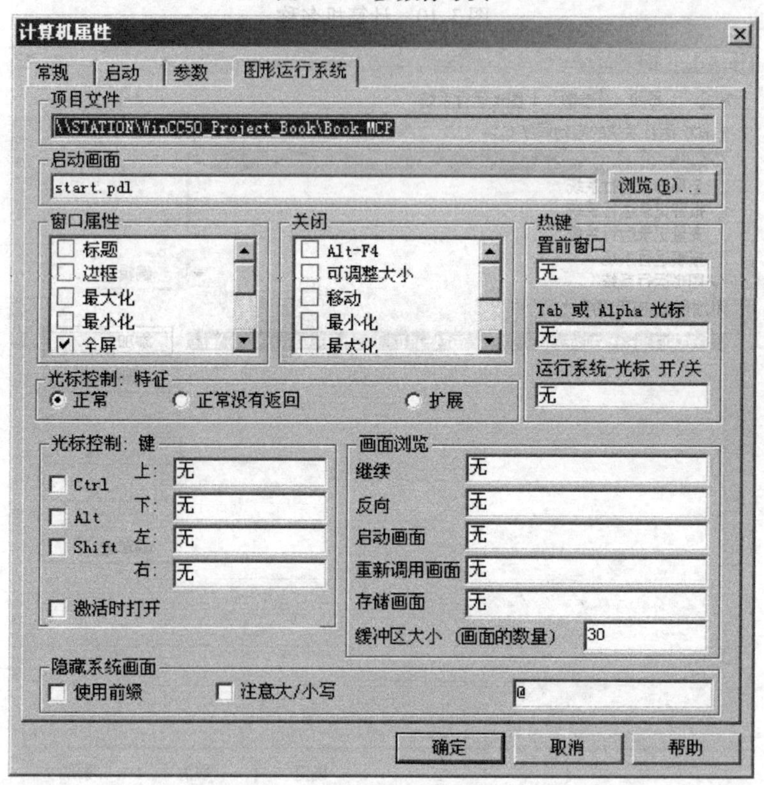

图 3.13　图形运行系统标号页

(4)图形运行系统标号页

图形运行系统标号页允许组态人员设置开始画面,同时也可以对运行时的状态进行设置。同样,用户也可以定义光标的功能和控制,关掉 Windows 的热键以及注释当前项目的安装路径(如图3.13所示)。

初始画面:为项目选择缺省的图形屏幕。

窗口属性:设置运行窗口的功能属性。

标题和边框:窗口具有标题条和边框。

最大/小化,全屏幕:设置窗口尺寸功能。

滚动条/状态条:窗口具有滚动条和状态条。

适合窗口:画面适配到窗口大小。

关闭:在线运行窗口的禁止特性。

优化绘图:窗口功能设计用于加强效率。

(5)热键和光标控制(如图3.14所示)

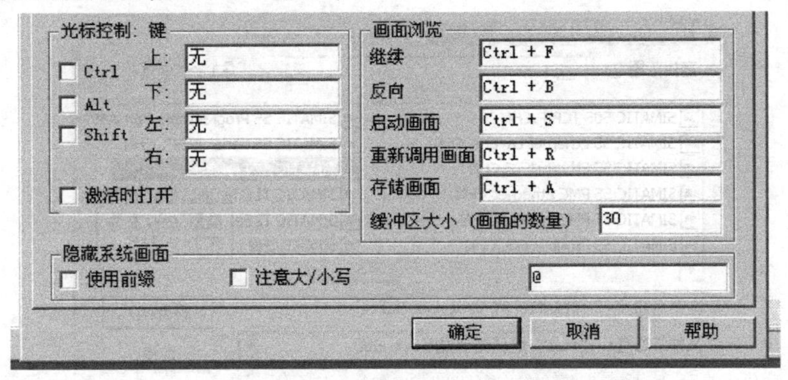

图3.14 热键和光标控制

3.3 创建及编辑变量

WinCC 变量(有些地方称为标签)是可以设置地址的变量,对应内部或外部的过程数据。简单地说,变量就是 WinCC 与过程通讯所要监视的对象(如图3.15所示)。

3.3.1 配置 PLC 驱动

为了与外部设备进行通讯,必须组态用于该设备的通道。通道就是在设备和 WinCC 之间生成的逻辑接口的驱动器,具有以下3个功能:

图3.15 变量管理器

①为使用人员提供组态物理和逻辑连接的方法。

②通过数据管理器在外部设备和 WinCC 之间建立一个在线运行接口。

③为用户提供一个简便接口用于为外部设备或应用的存储器结构加入变量并设置地址。

在 WinCC 项目中加入并组态一个新的驱动器需要5个步骤:

图 3.16　添加新的驱动器

①在项目中加入驱动器；

②组态所选协议的系统参数；

③组态用于连接的逻辑连接参数；

④在连接中加入变量；

⑤在 WinCC 运行时检查连接的状态。

第 1 步：加入驱动器

WinCC 通道的文件后缀为. chn，在 WinCC 安装路径的 bin 文件夹中。想要在项目中加入一个新的驱动器，右击变量管理器并选择添加新的驱动程序，如图 3.16 所示。WinCC 会打开 bin 文件夹来选择想要的驱动器。图 3.17 为将 SIMATIC S7 协议集加入到项目中。一旦在浏览器窗口中选中所需要的驱动器，单击 Open 按钮，就可以将其添加到项目中。然后，在控制中心的变量管理器下生成一个协议连接，接下来将继续组态该协议与 WinCC 的接口。

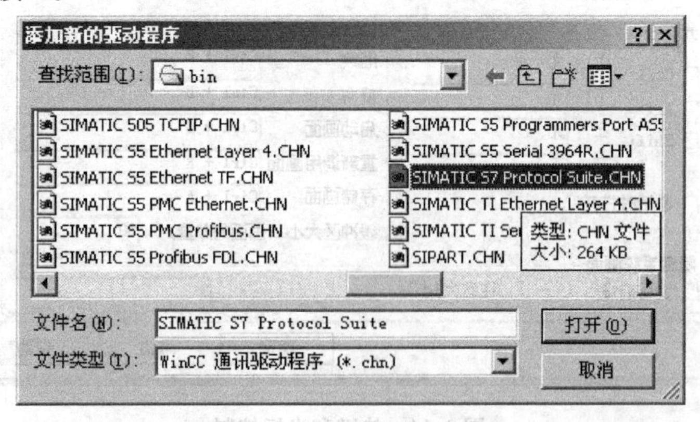

图 3.17　将驱动器加入项目

第 2 步：组态所选协议

这时可以发现，该协议集允许我们采用多种方式与 S7 PLC 连接，接下来我们为 MPI 协议选择系统参数，如图 3.18 所示。

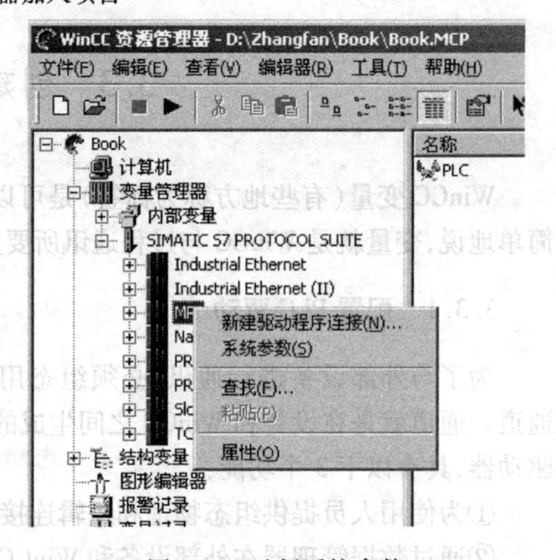

图 3.18　选择系统参数

系统参数对话框将由用户定义每个协议所特定的需求，让用户组态特定协议的连接参数。图 3.19 的例子为采用 CP5611 的 MPI 协议参数。它们包括加入连接点的逻辑设备名，该连接点在视窗控制面板的信号单元组态服务中组态。

第 3 步：组态连接参数

连接属性可通过右击协议并选择新建驱动连接来打开。这里将建立 WinCC 与 PLC 接口所需的逻辑连接参数。一旦结束，按下确定按钮就可以生成连接，连接的结果就是握手，它作为协议和连接背景之间的逻辑接口。如图 3.20，对于所选的协议可以建立多个连接握手元素（握手图标），在握手元素下可生成与特定连接的变量组和变量。

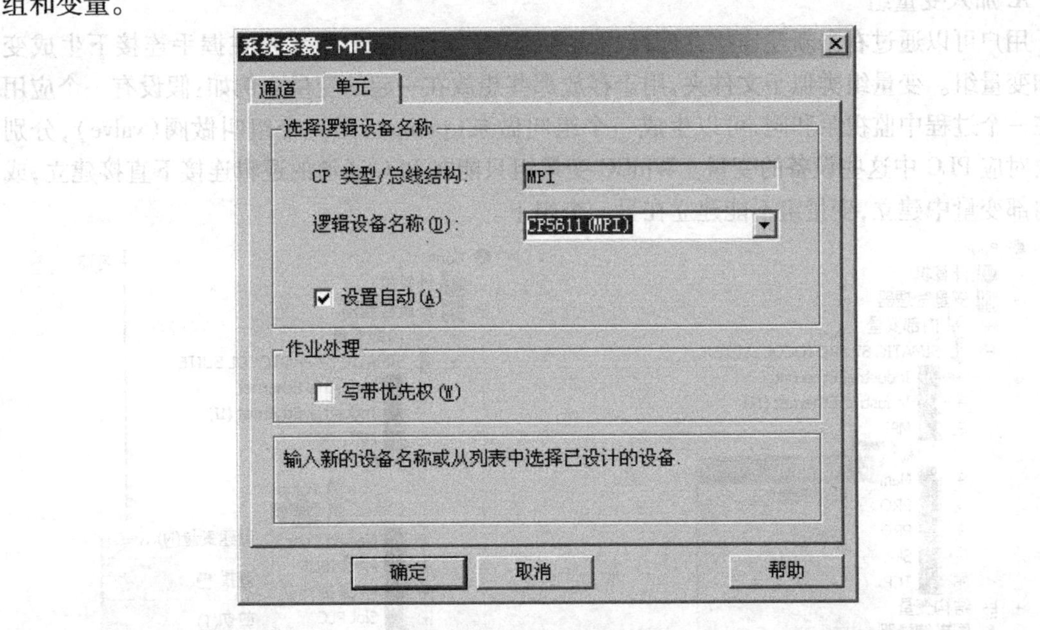

图3.19 系统参数对话框

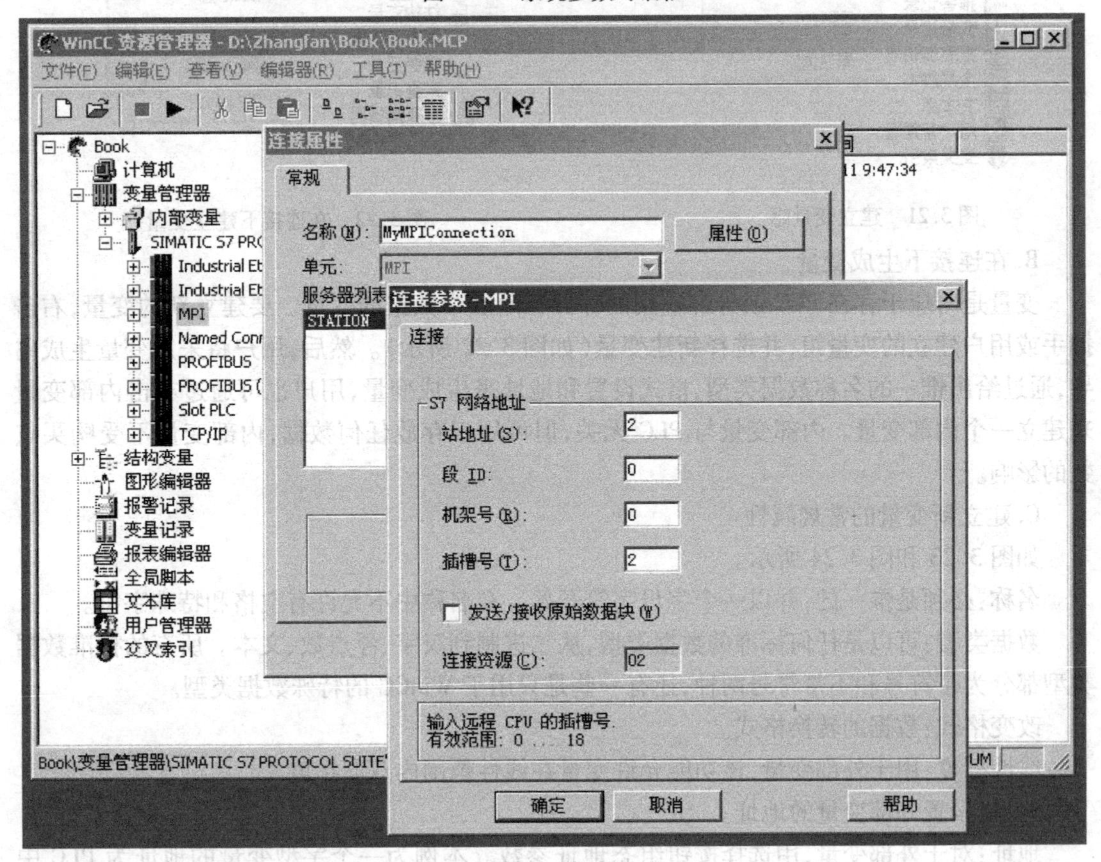

图3.20 握手元素

第4步:在连接中加入变量组和变量

A. 加入变量组

用户可以通过右击新建连接并选择相应的选项(如图 3.21 所示),在握手连接下生成变量和变量组。变量组类似于文件夹,用于存放那些想放在一起的变量。例如:假设有一个应用要在一个过程中监视泵和阀,可以生成一个组叫做泵(pump),另一个组叫做阀(valve),分别存放对应 PLC 中这些设备的变量。WinCC 变量组只能在 PLC 通道的逻辑连接下直接建立,或在内部变量中建立,变量组不能建立在另一个组下。

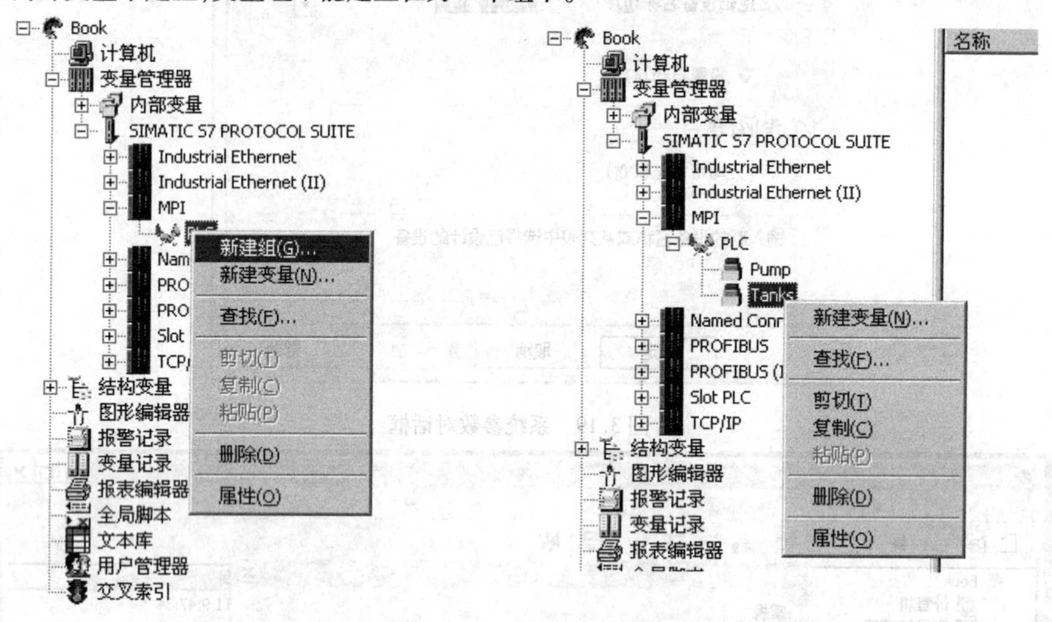

图 3.21 建立变量组　　　　图 3.22 在连接下建立变量

B. 在连接下生成变量

变量是对应于存在 PLC 或外部应用的存储器地址中数据的变量。要建立新的变量,右击握手或用户建立的变量组,并选择新建变量(如图 3.22 所示)。然后,用户将采用变量生成向导,通过给出惟一的名称数据类型、格式设置和地址来生成变量,用户也可通过右击内部变量来建立一个内部变量。内部变量与 PLC 无关,但可用于存放任何数据,内部变量不受购买点数的影响。

C. 建立新变量的常规属性

如图 3.23 和图 3.24 所示。

名称:必须是惟一的,并以一个字母字符开始。在名称中不允许有空格和特殊字符。

数据类型:可以是任何标准的数据类型,从二进制到汉字、浮点数、文本。所有的标准数据类型都分为带符号和不带符号两种,还有一些是只用于 WinCC 的特殊数据类型。

改变格式:数据的转换格式。

线性标度:用于外部变量,该功能允许变量在线性范围内双向标度。

选择:设置外部变量的地址。

地址:对于外部变量,用选择按钮组态地址参数。本例为一个字型变量的地址为 PLC 中的 DB1. DBW20。内部变量是没有地址标签的,也不需要连接地址。

D. 极限和替代值

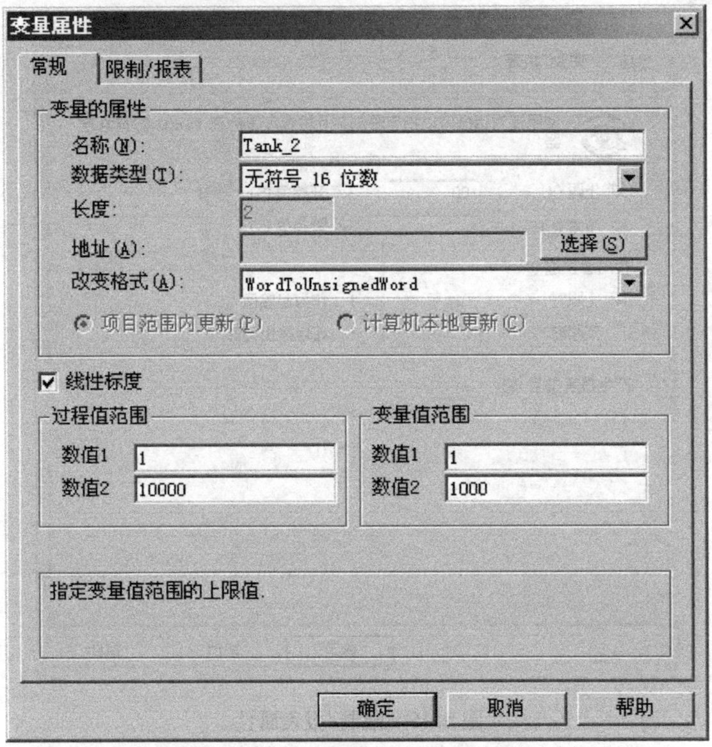

图3.23 变量常规属性

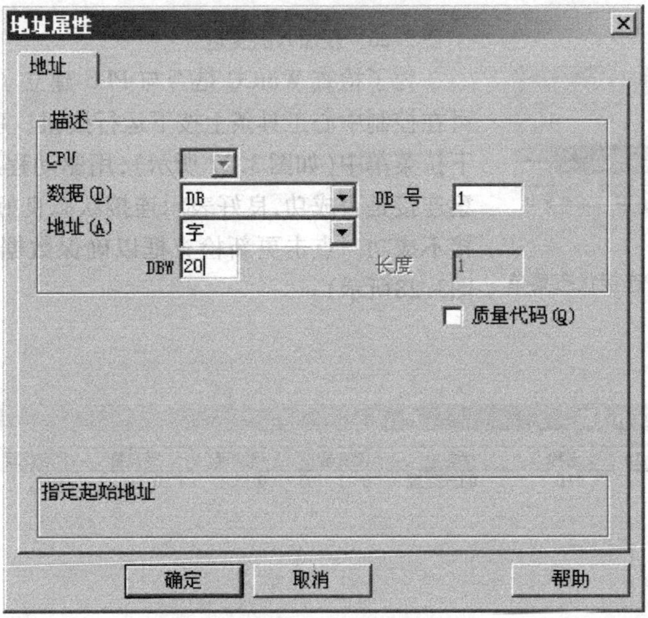

图3.24 选择地址

在限制/报表标签页,如图3.25所示,用户可以选择初始值,上、下限,以及定义替代值。替代值可以用于当WinCC不能正确地报告存储器值时,定义这段时间变量的行为。当用户完成数据的输入,单击确定,在连接下将加入一个新的变量(如图3.26所示)。

第5步:在运行时检查连接的状态

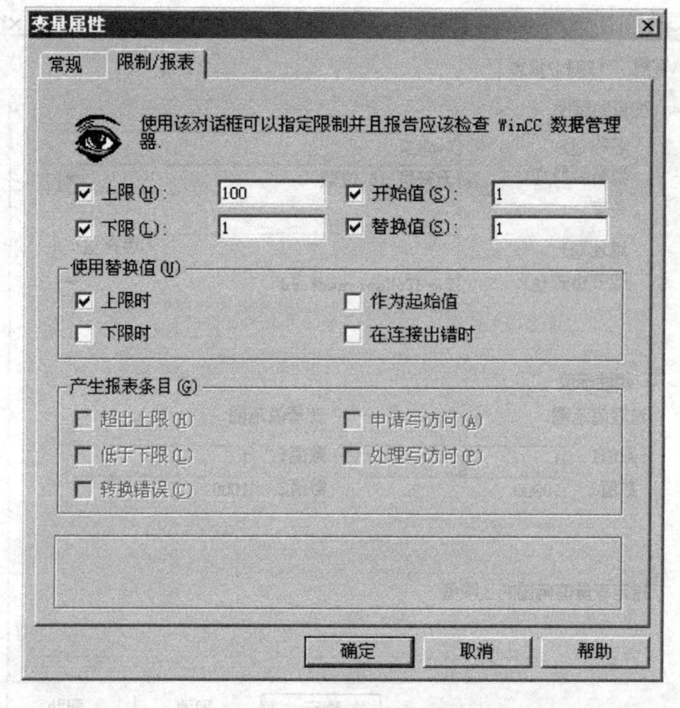

图 3.25　限制/报表属性

名称	类型	参数	修改时间
Tank_2	无符号 16 位数	DB1,DW20	2005-1-12 9:16:20

图 3.26　新加入的变量

图 3.27　驱动程序连接状态菜单

为了检查 WinCC 是否与 PLC 建立了有效的连接,用户可在控制中心工具条上按下运行按钮。系统运行后,在工具下拉菜单中(如图 3.27 所示),用驱动程序连接状态屏幕观察连接是否成功,良好表示连接状态良好,断开连接表示连接不成功。点击更新检查框以确保数据周期性地刷新(如图3.28所示)。

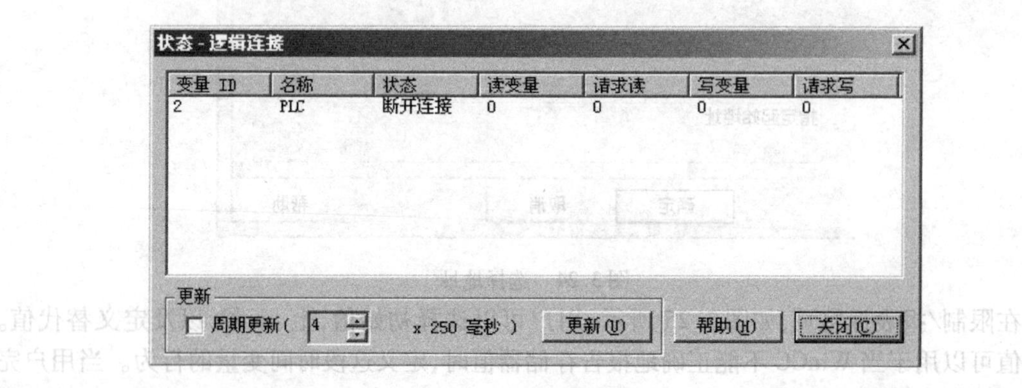

图 3.28　检查连接状态

3.3.2 结构变量

(1)创建结构类型

结构类型变量为一个复合型的变量,它包括多个结构元素。要创建结构类型变量须先创建相应的结构类型。

右击 WinCC 项目管理器中的"结构类型",并从快捷菜单中选择"新建结构类型"菜单项,打开"结构属性"对话框,如图 3.29 所示。

右击"结构类型",可以从快捷菜单中选择"重命名"菜单项来更改结构的名称。

从结构元素的快捷菜单中可更改结构元素名和结构元素的数据类型。结构中的元素可选择内部变量或外部变量。图 3.29 创建了一个名为 motorspeed 的结构类型,它包括两个元素:set 和 actual。数据类型为 WORD,都为外部变量。

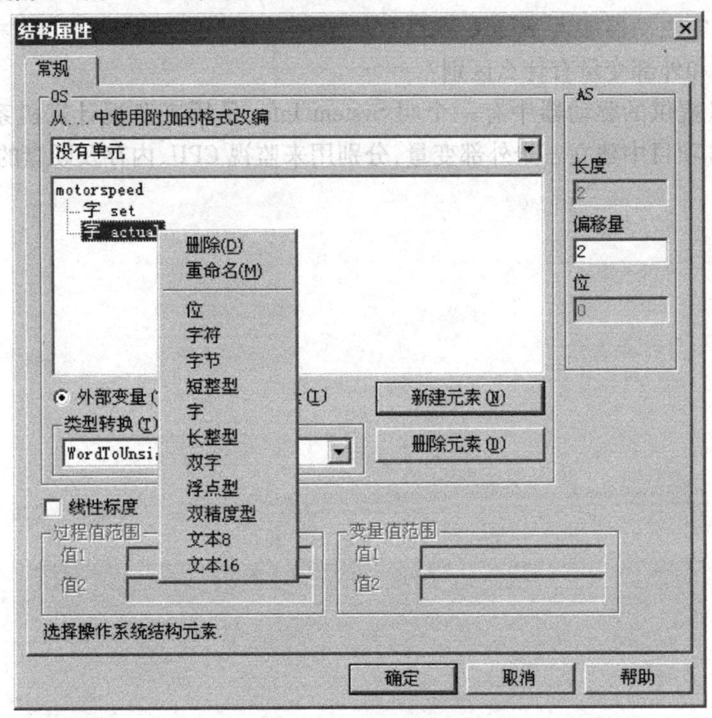

图 3.29 创建结构类型

(2)创建结构类型的变量

创建结构类型以后,就可创建相应的结构类型变量。创建结构类型变量的方法与创建普通变量的方法一样,但在选择变量类型时就不是选择简单的数据类型了,而是选择相应的结构类型。创建结构类型变量后,每个结构类型变量将包含多个简单变量,结构类型变量的使用与普通变量一样。

小 结

本章主要介绍 WinCC 的控制中心的基本内容及如何使用变量管理器来建立和管理变量。

通过对本章的学习要求掌握:如何启动 WinCC 控制中心;如何打开一个新的或已有的项目;如何通过项目属性组态热键;如何在当前项目中加入新的驱动器;如何使用和建立内部和外部变量;如何测试 WinCC 的连接状态。

习 题

1. 请描述如何启动 WinCC。

2. 在 WinCC 的项目文件夹中有哪些文件?

3. 如何在 WinCC 中设置热键让使用者登录系统?

4. 如何设置 WinCC 运行的初始画面?

5. 如何将新的驱动器加入 WinCC 项目?

6. 内部变量和外部变量有什么区别?

7. 在 WinCC 提供的驱动器中有一个叫 System Info,是用来监视计算机系统的运行状态的。请在 WinCC 项目中建立三个外部变量,分别用来监视 CPU、内存及硬盘的使用情况。

第4章 创建过程画面

4.1 图形编辑器

在 WinCC 中,所有可运行的应用都集中在图形编辑器建立的可视界面中。它允许用户开发图形用户界面(GUI)用于当前的应用,监视过程数据,浏览由其他 WinCC 编辑器建立的应用以及综合安全性。设计完好的可视界面使用户易于对过程数据、系统报警、信息和其他事件进行说明并做出响应。它还易于对画面进行切换、监视报警和事件,使操作人员能够轻松掌握。图形设计器的画面存放在<项目>/GraCS 文件夹下的.PDL 文件中。根据面向对象的设计原则,图形设计器中的对象使用属性和事件作为用户与过程数据的接口。与其他所有的编辑器一样,用户可以从控制中心中启动 WinCC 图形编辑器。在浏览器中右击图形编辑器,得到如图 4.1 所示的弹出菜单。

打开:在组态模式下打开编辑器的一个空白.PDL 文件。

新建画面:建立一个新的.PDL 文件,将列入控制中心的浏览器中。

图形 OLL:允许一些高级用户定义智能对象(OLLS)加入到图形编辑器的对象选项板中。

转换:将 WinCC 旧版本的图形或图库对象转换到与当前版本相兼容。

属性:显示当前的版本,创建号和 WinCC 选择安装。

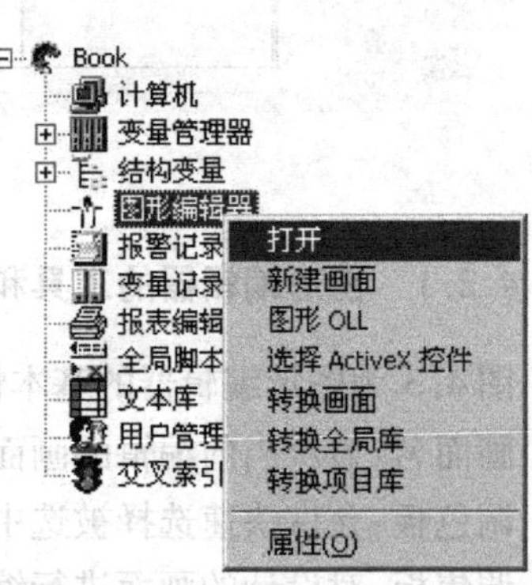

图 4.1 从控制中心启动图形编辑器

在 WinCC 中的每个编辑器都具有两种操作模式:

①组态模式(CS):允许用户开发和组态在编辑器中的设置,这些设置决定运行(RT)模式中的应用行为。在 WinCC 的图形编辑器中,用户将在组态模式中用各种工具和对象生成图形画面。然后,用户可用变量及其他方法来定义图形元素的行为。

②运行模式(RT):根据各编辑器中进行的组态设置实际地生成应用以监视用户的过程。在图形编辑器中,过程数据和图形之间的连接是在运行模式下实现的。

4.2 WinCC 图形对象

图形编辑器中的对象是按照面向对象的方式建立的,它类似于现实世界的对象,我们可以将对象看成是小孩玩的球。"真实的球"的物理属性可以由我们直接观察到的东西来定义,用我们的感观,可以评估其大小、尺寸和颜色,这些静态特征叫做属性。如果希望改变球的属性,则需要进行一些物理动作,如我们可以在球上刷染来改变它的颜色。与球(或其他对象)连接的还有其他的动态事件,动态属性描述那些可能发生在对象上的动作,如球可以弹起或被扔出,这些动作被称为事件。WinCC 中的对象也有与其相连的属性和事件,如改变图形对象的颜色,用户可访问背景颜色属性,如图 4.2 所示。调色板允许用户"刷染"其图形对象。同样,所有的属性都可以用相似的方法改变,同时属性还可以通过变量在运行过程中动态地更改。

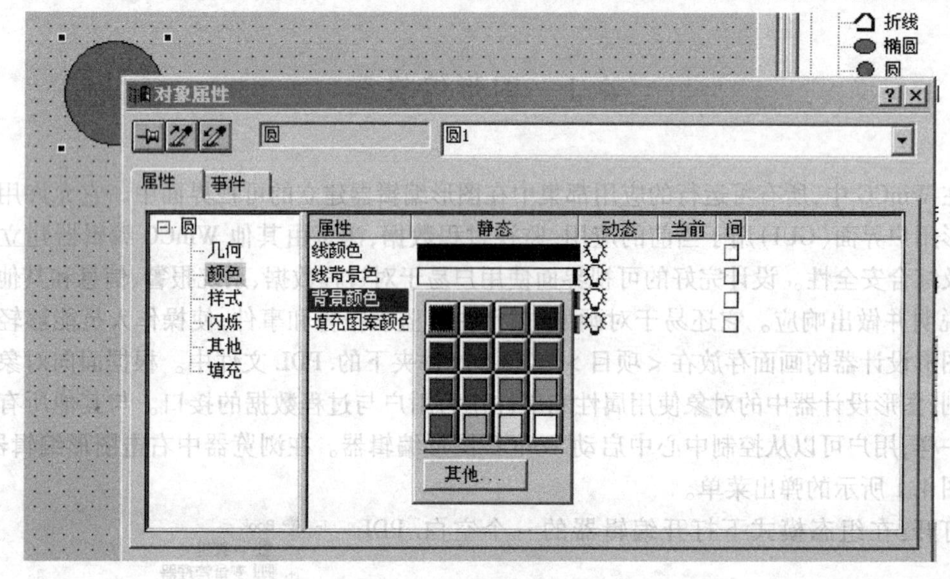

图 4.2 对象的属性

4.2.1 图形编辑器的工具和特点

图 4.3 为图形编辑器的基本情况:

画面名:显示当前编辑的画面名。

调色板:允许快速选择被选中对象的颜色。

调焦板:对设计的画面进行缩放。

层次条:设计时对 0~15 层的 ON 和 OFF 状态进行切换,以显示和隐藏相应层上的对象,用于对图形进行分层。

对齐:用于多个对象的对齐和空间大小的标准工具。

对象选项板:用于设计画面的图形对象和形状。标准对象提供原始的形状和文本对象;智

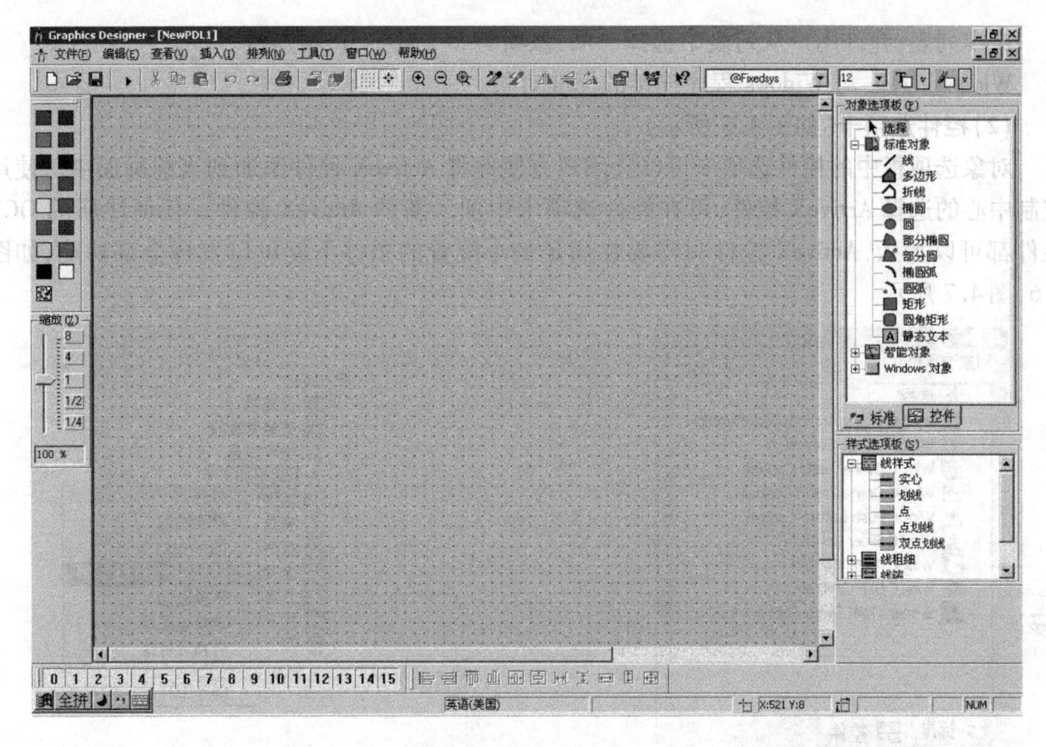

图4.3　图形编辑器

能对象提供通用、全功能对象，如滚动条和输入/输出域；Windows 对象具有在 Windows 应用中相似的对象。

样式选项板：允许为线和填充格式进行选择。

向导：允许通过菜单驱动界面生成复杂对象。

4.2.2　对象选项板

(1)标准选项卡(如图4.4所示)

要想使用对象，用户只在对象选项板中选择想要的对象，然后拖动到当前画面相应的区域中，并通过四边的小黑块来改变至所需的大小。

标准对象：生成复杂对象的原始形状。

静态文本对象：允许生成对象的文字标题。

智能对象：用于通用任务的已建立的对象。

应用程序窗口：允许插入报警、变量存档等应用。

画面窗口：在一个画面中显示另一个画面。

OLE 对象：在当前画面中插入 OLE 对象。

输入/输出域：通过 WinCC 变量读或写过程值。

图形对象：插入一个图形文件。

状态显示：含有多个图形文件数组的特殊对象。这些图形文件通过某一过程值来控制是否显示。

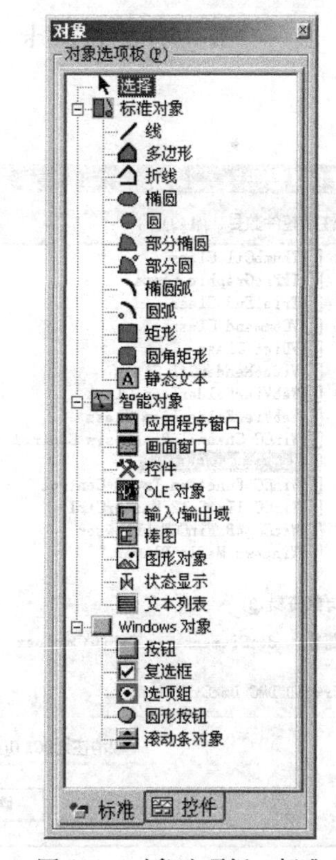

图4.4　对象选项板—标准

文本列表:允许用户从列表中选择一项,该项与一个数字 ID 相连接。

Widows 对象:与 Widows 程序连接的标准对象。

(2)控件选项卡(如图 4.5 所示)

对象选项板中的控件选项卡可以让用户方便地将 ActiveX 控件添加到当前画面中。使用控制中心的选择 ActiveX 控件,可在控件选项卡中加入新的 ActiveX 控件。任何注册的 OCX 控件都可以加入,ActiveX 控件只需要在满足最小配置的条件下就可以发挥全部功能,如图 4.6、图 4.7 所示。

图 4.5 控件选项卡

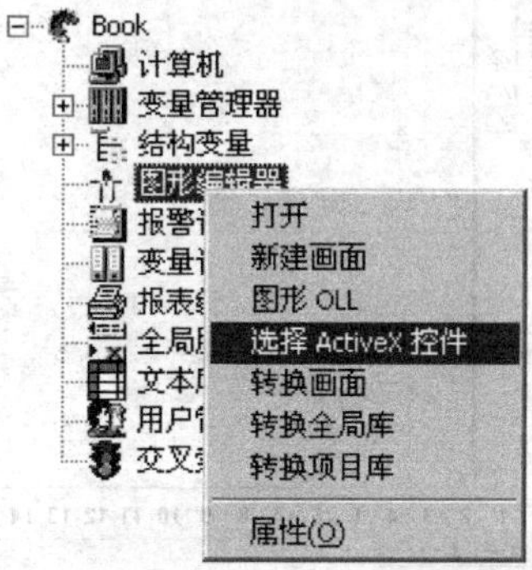

图 4.6 选择 ActiveX 控件

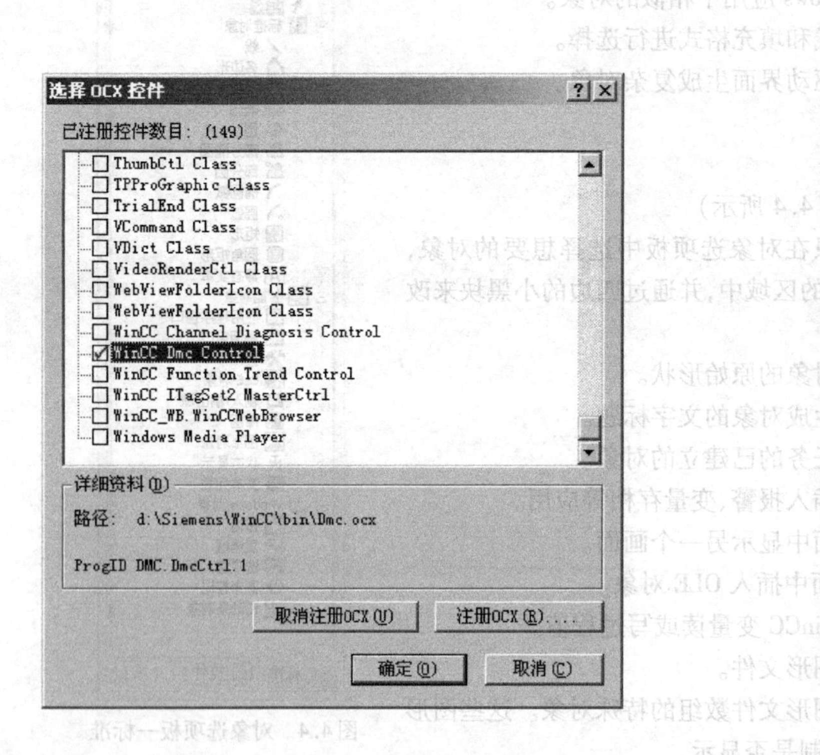

图 4.7 注册控件

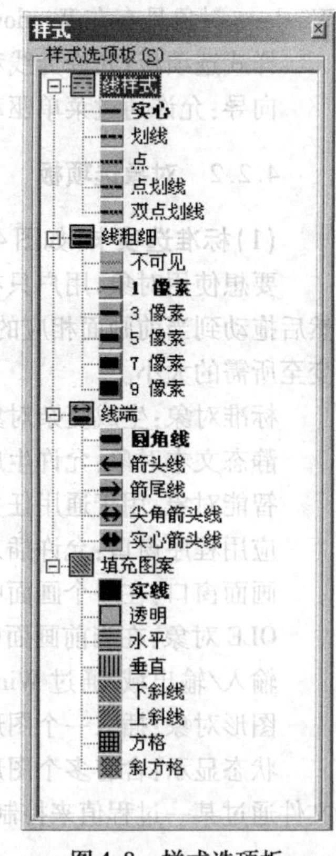

图 4.8 样式选项板

4.2.3 样式选项板

样式选项板为所选中的对象设定样式属性(如图 4.8 所示)。

线样式:选择线形。

线粗细:选择线的宽度。

线端:选择线对象两端的样式。

填充图案:选择实体对象中所填充的内容。

图 4.9 ~ 图 4.11 为采用样式选项板设定的一些对象的不同样式。

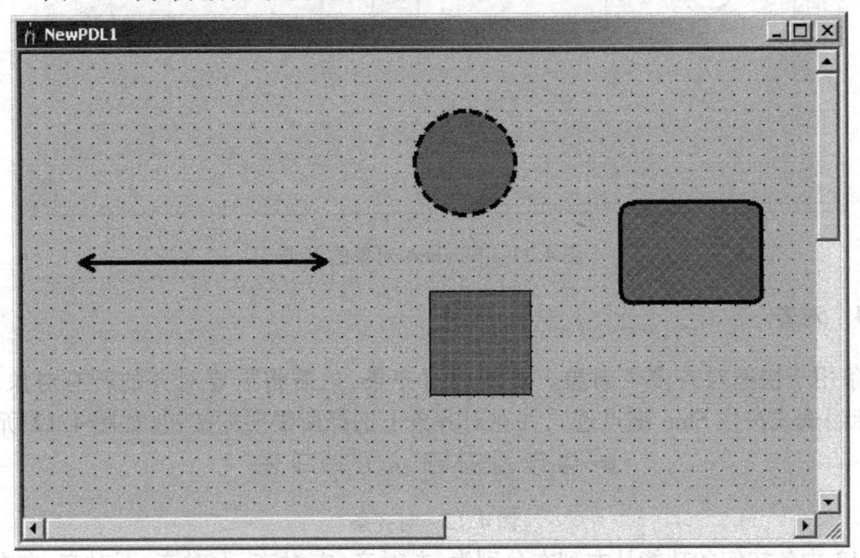

图 4.9 样式效果的例子

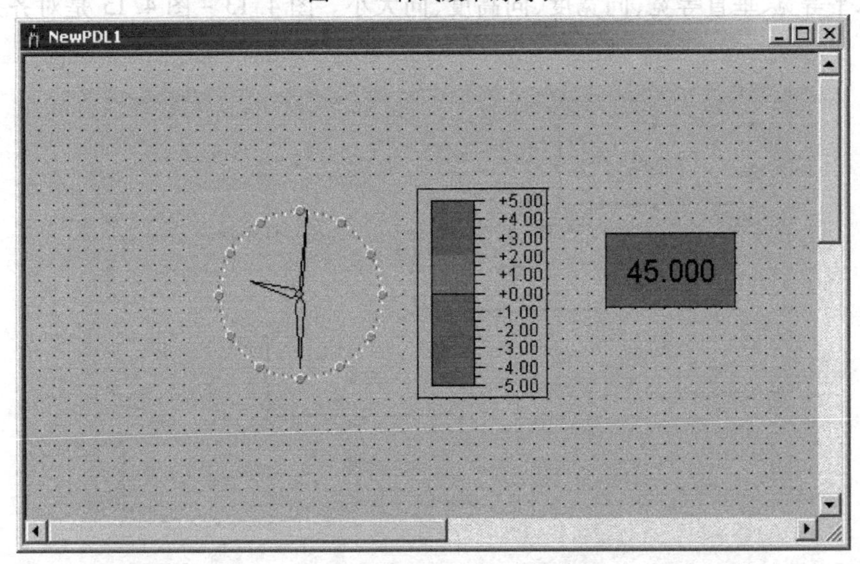

图 4.10 智能对象的例子

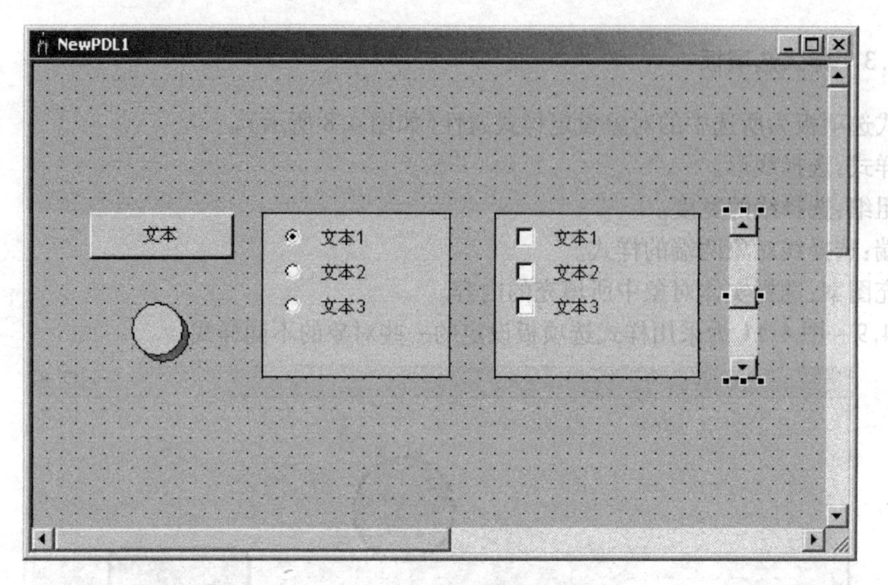

图 4.11　Windows 对象的例子

4.2.4　对齐

对齐条用于快速对齐多个对象。要使用对齐条，只需将需要对齐的所有对象同时选中（通过鼠标圈选或按住 Shift 键点选），并在对齐条上选择所需要的按钮（如图 4.12 所示）。

图 4.12　对齐条

图 4.12 中各按钮的功能从左到右分别为：左对齐、右对齐、上对齐、下对齐、左右对中、上下对中、水平等宽、垂直等宽、同宽度、同高度、同大小。图 4.13 ~ 图 4.15 是对齐条的应用举例。

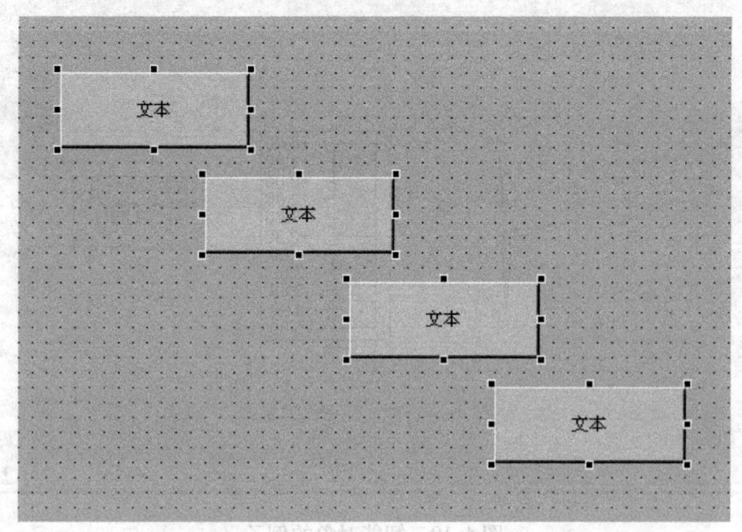

图 4.13　同时选中需要对齐的所有对象

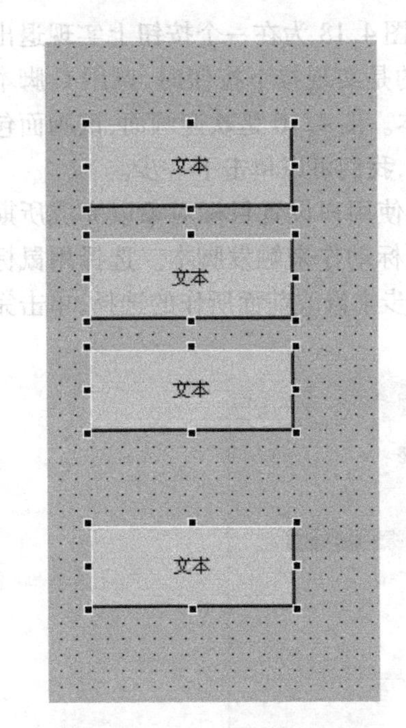

图4.14　按左对齐后的效果

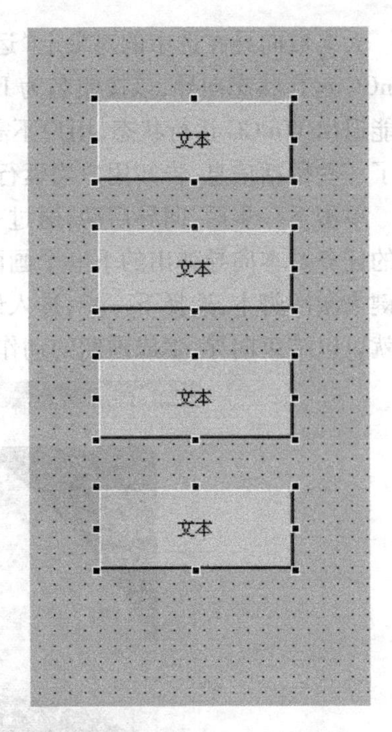

图4.15　按右对齐后的效果

4.2.5　向导选项板

在图形编辑器的向导选项板中含有为用户自动组态或生成复杂对象的工具。动态向导又分为多个类别，分别用不同的选项卡分开，该选项板所提供的向导功能，从对象属性和变量的连接，到生成配方面板，插入 Step 7 符号表或组态执行某些应用。

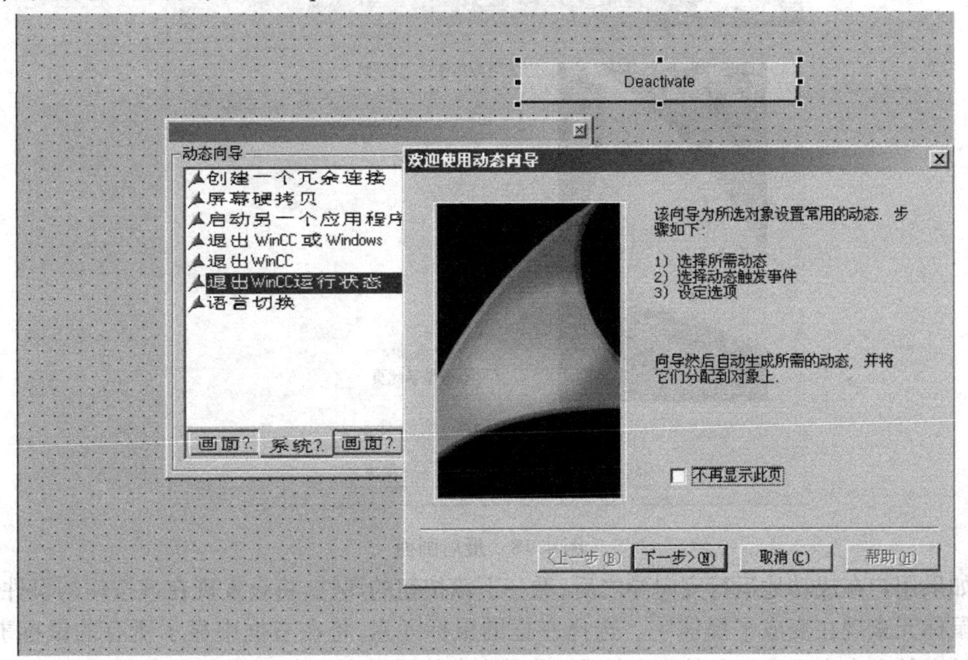

图4.16　向导选项板

大多数向导在选中的对象上“运行”或组态。图 4.16 ~ 图 4.18 为在一个按钮上实现退出 WinCC 运行状态向导，该按钮名为 Deactivate。该向导的目的是实现按下按钮时，调用 C 脚本功能退出 WinCC 运行状态，用户不需要知道如何编写 C 脚本。图 4.16 是欢迎画面，该画面包括了一些概括信息，告知用户当运行该向导后所发生的事情，我们可以单击下一步。

单击下一步后，向导启动，通过一系统菜单驱动对话框，使用户设置目标对象以完成所期望的任务。本向导弹出的下一个画面，让用户选择用哪种鼠标动作来触发脚本。选择用鼠标左键来激活脚本，选择下一步，进入最后画面，可以通过上一步来修改前面所作的选择，单击完成就可以结束向导，生成预期的动作。

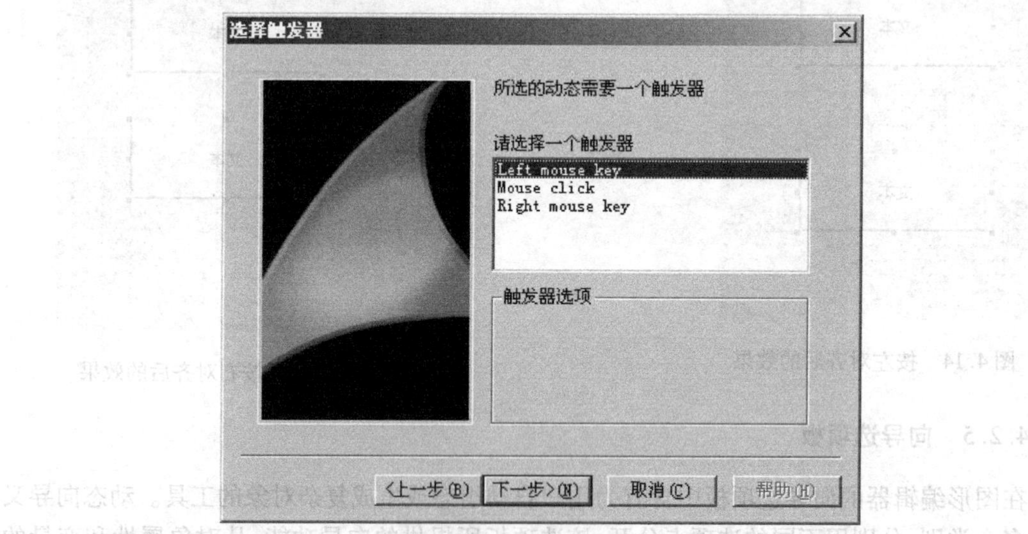

图 4.17　向导启动

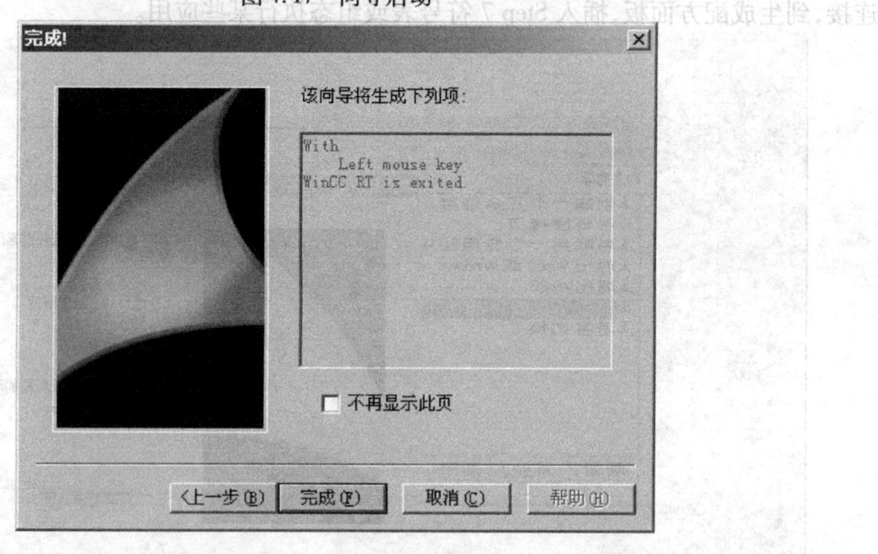

图 4.18　最后画面

如果用户在成功地运行完向导之后，看一下该按钮的属性，将会发现在该按钮的事件选项卡的鼠标元素现在变成了黑体字。选择左框的鼠标元素，将在右框中显示所有的鼠标事件。按左键事件上会有一个绿色的闪电箭头，表明该事件属性有一个 C 脚本程序与之相连接。双击该图标,可以看到 C 脚本的内容,如图 4.19 所示。

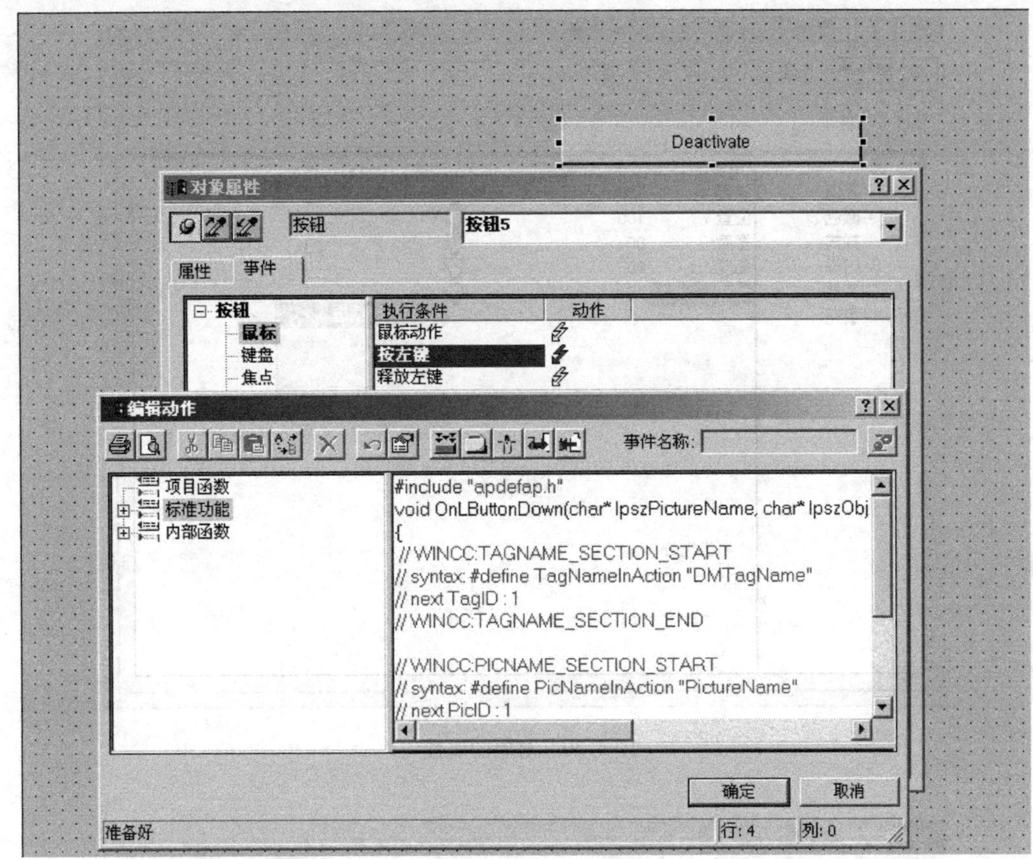

图 4.19　向导的结果

4.2.6　对象属性对话框

右击对象,并从弹出的菜单中选择属性,就可以打开属性对话框。对于不同的对象有不同的属性与之对应,属性对话框分为属性和事件两项。

(1) 属性

这些是物理属性,定义对象在屏幕上的表现形式,这些属性可以通过在动态域中连接变量或 C 脚本程序做成动态(如图 4.20 所示)。

按钮:在同一个画面中当在不同对象之间进行选择时,对话框始终保持打开。

吸管:用于复制选中对象的属性。

静态:属性的预设值。

动态:用户可以通过连接变量或其他方法在运行时动态地改变属性值。

当前:数据管理器处理变量的时间周期。

间接:允许属性的间接变量寻址。

(2) 事件(如图 4.21 所示)

用户组态对象基于该对象发生的事件来执行一个动作,如当用户单击某对象时触发鼠标动作事件。用户可通过 C 脚本或直接连接来响应该事件(如图 4.22 所示)。

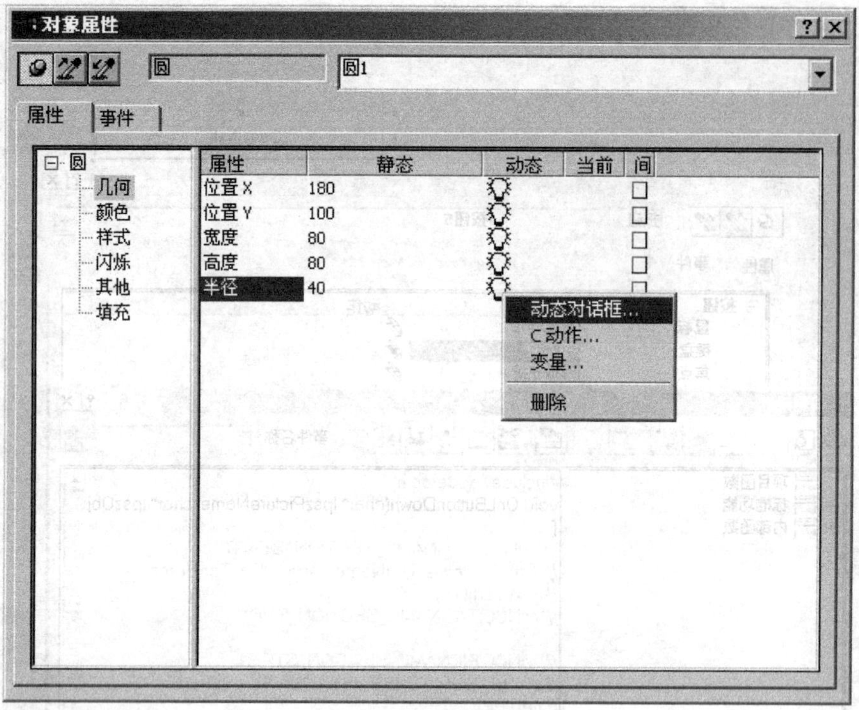

图 4.20　对象的属性

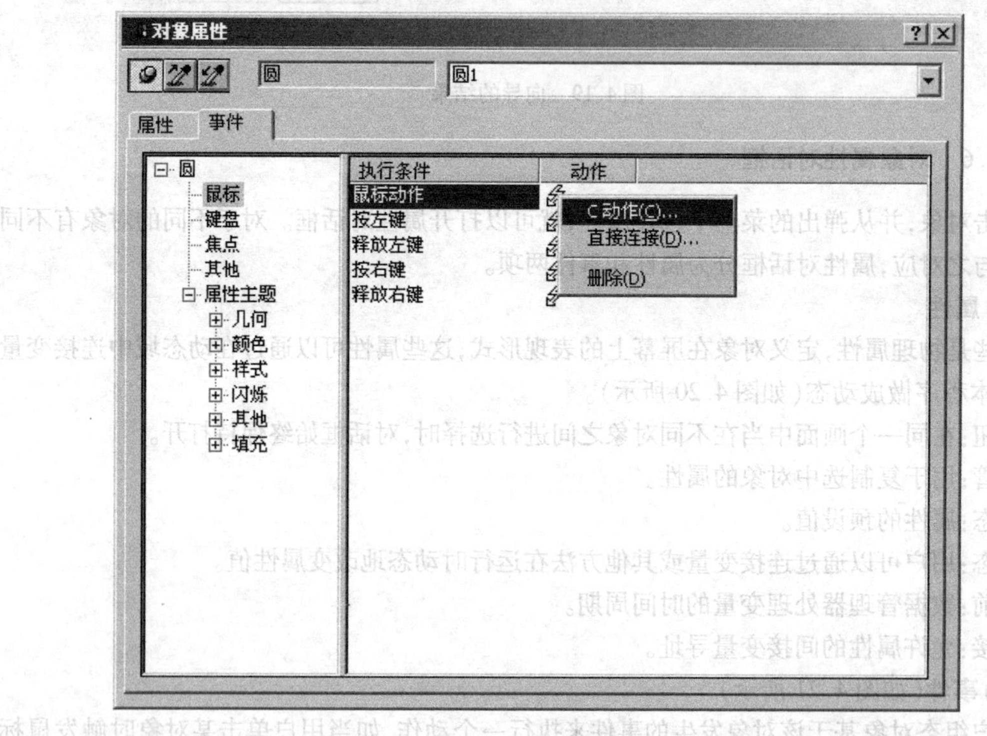

图 4.21　对象的事件

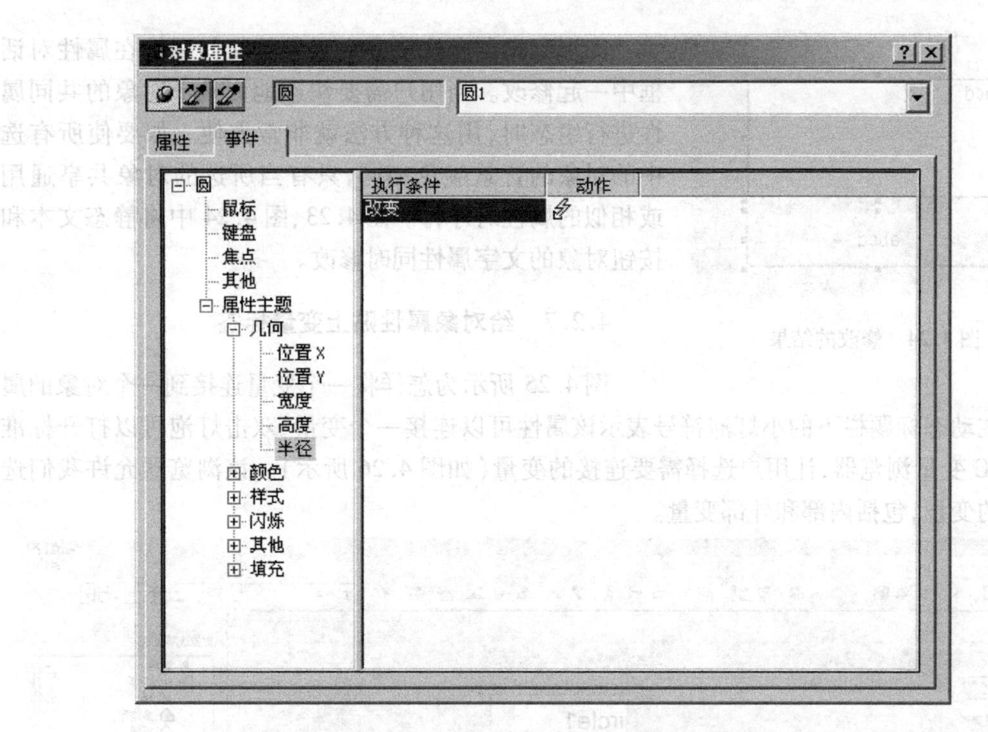

图 4.22　用户能够对静态属性的变化进行响应

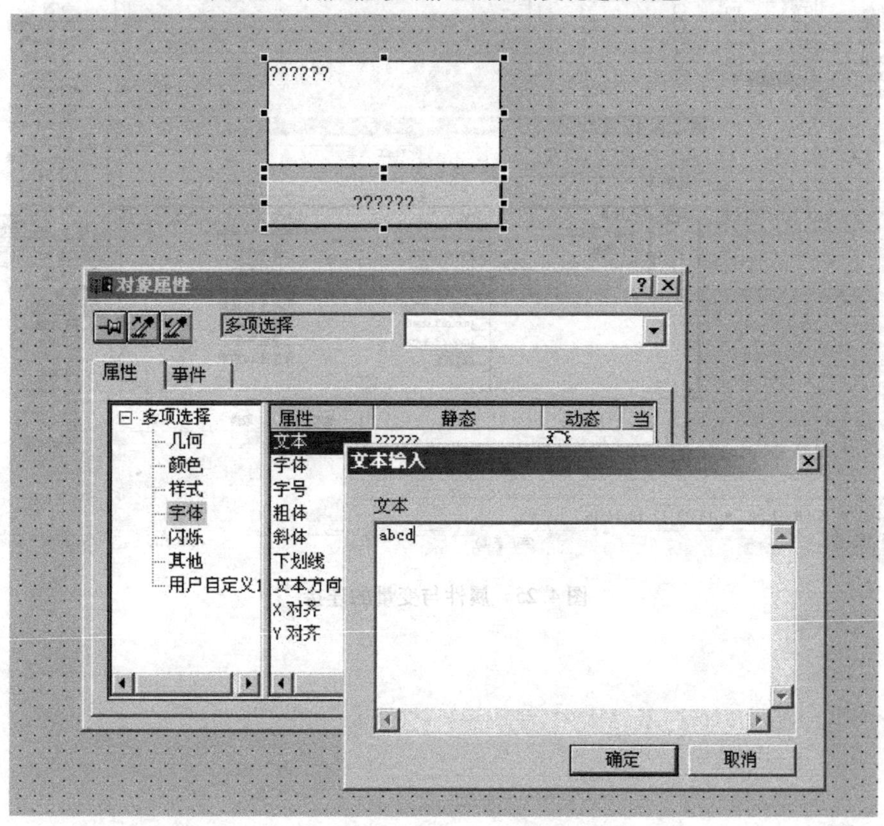

图 4.23　同时修改多个对象的属性

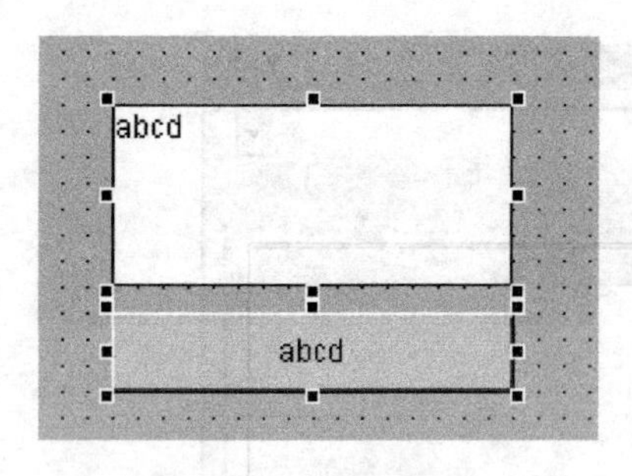

图 4.24　修改的结果

图形编辑器允许将多个对象的相似属性在属性对话框中一起修改。当用户需要快速地为几个对象的共同属性进行组态时,用这种方法就非常方便。如要使所有选中的对象的背景颜色相同,只有当所选的对象共享通用或相似的属性时才行。图 4.23、图 4.24 中将静态文本和按钮对象的文字属性同时修改。

4.2.7　给对象属性贴上变量标签

图 4.25 所示为怎样将一个变量连接到一个对象的属性中。在动态标题栏下的小灯泡符号表示该属性可以连接一个变量,双击灯泡可以打开标准的 WinCC 变量浏览器,让用户选择需要连接的变量(如图 4.26 所示)。该浏览器允许我们选择所有的变量,包括内部和外部变量。

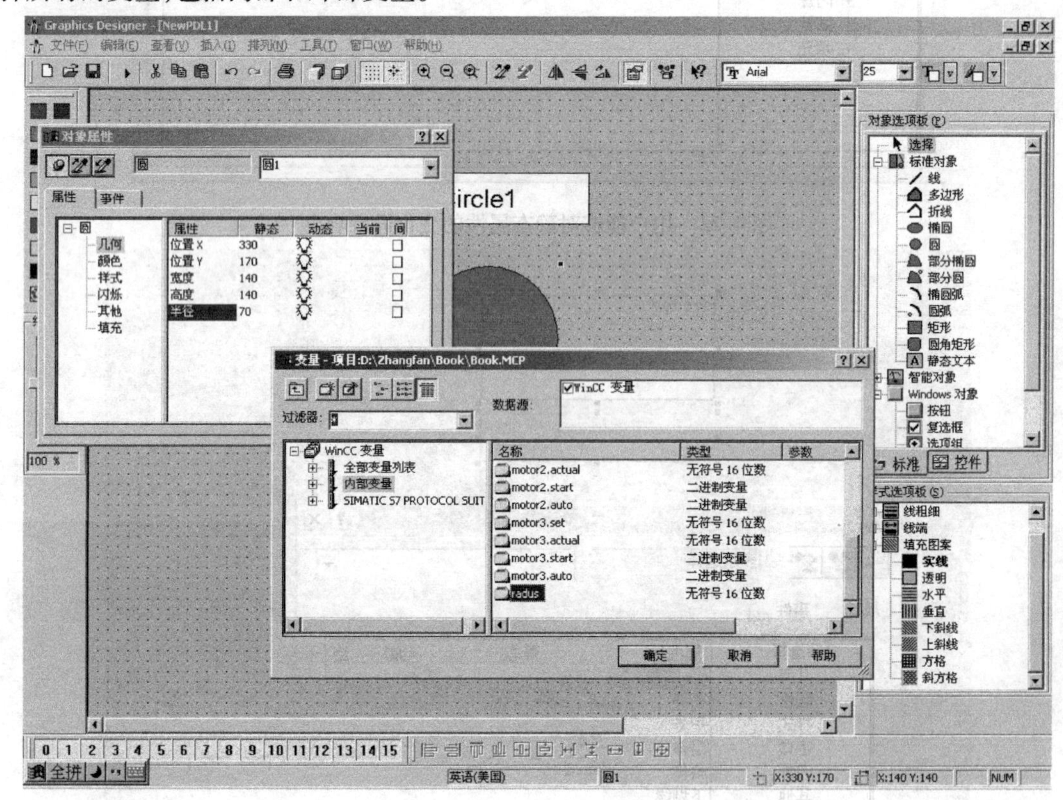

图 4.25　属性与变量的连接

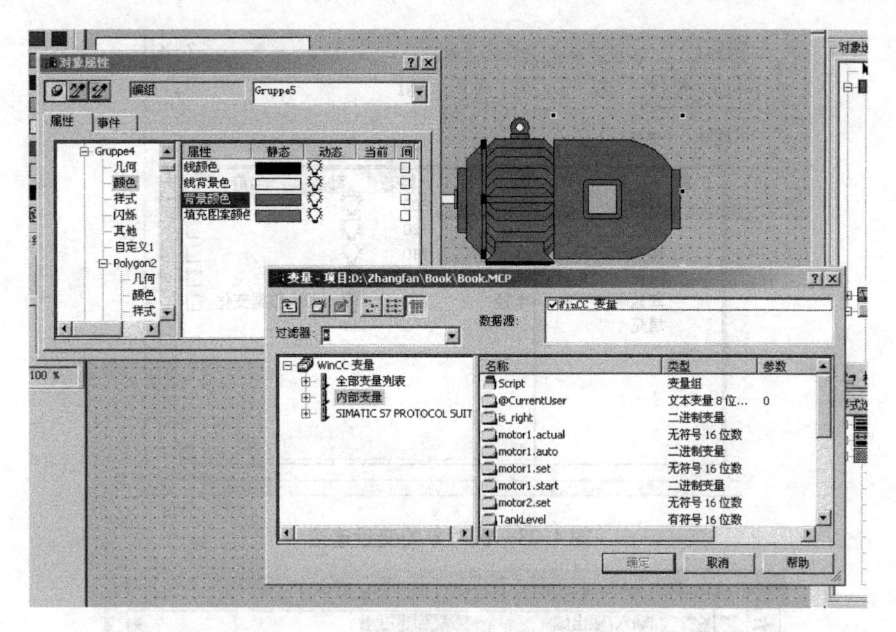

图4.26 使用WinCC变量浏览器

4.2.8 测试过程数据与变量之间的连接

这里,通过一个实例来说明变量连接的效果,在图4.27组态的图形中,用变量radus来控制圆的半径,如图4.28。同时,通过输入/输出域来改变这个值,如图4.29。图4.30和图4.31是运行的结果。

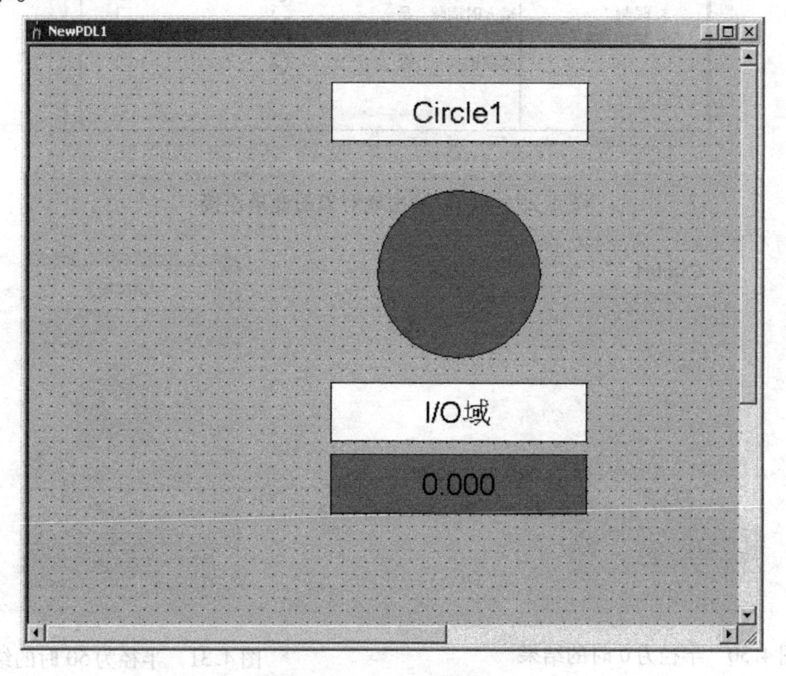

图4.27 组态的图形

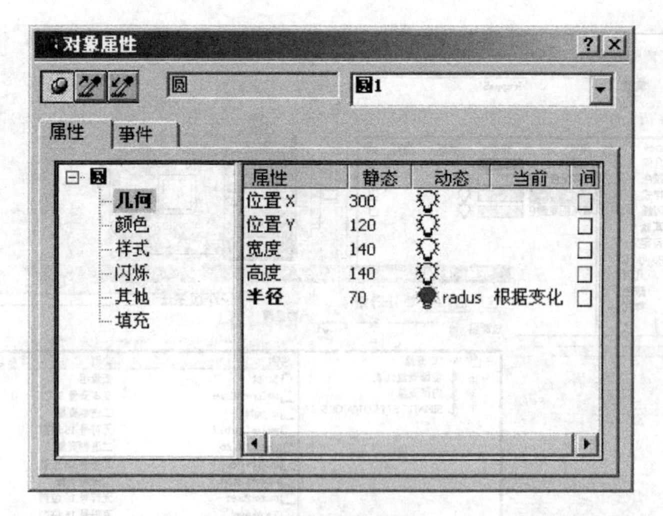

图 4.28　圆对象的变量连接

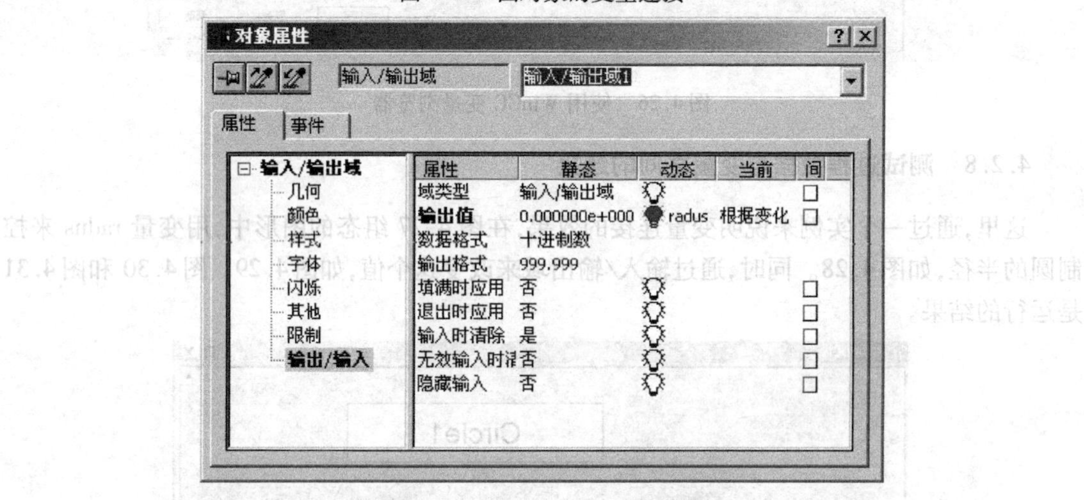

图 4.29　输入/输出域对象的变量连接

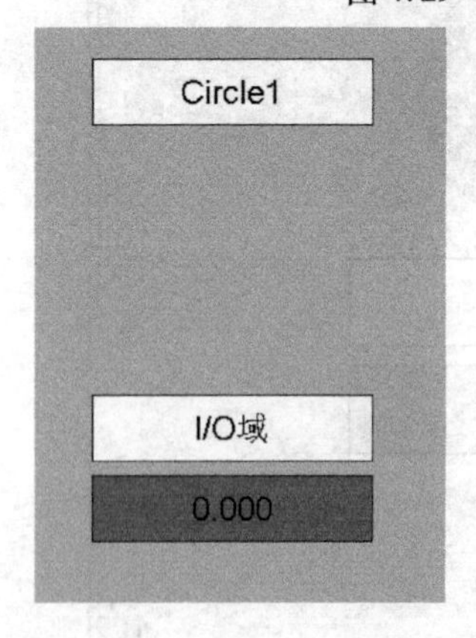

图 4.30　半径为 0 时的结果

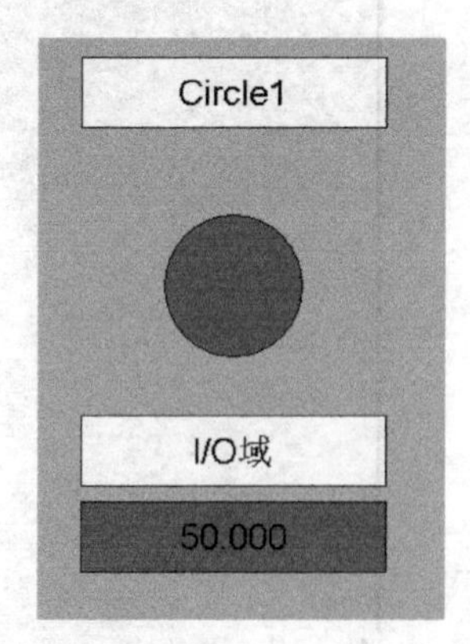

图 4.31　半径为 50 时的结果

4.3　组合对象及 WinCC 图形库

4.3.1　WinCC 中的组合对象

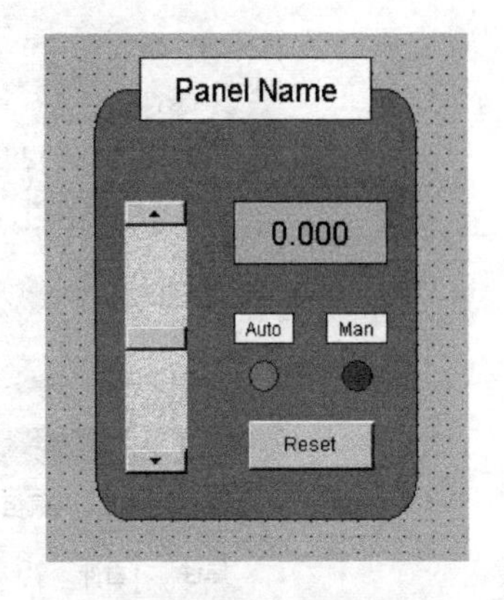

图 4.32　组合对象第1步

在 WinCC 中生成复杂对象的一种方法是使用组合。这将使用户生成一个复杂的对象集，这些对象一起工作并结合为一个单一的对象。可以多次使用这个组合对象并将其存放在对象库中。

第1步：选中所要组合的各个对象（如图 4.32）。

第2步：在对象上右击，并选择组对象→编组（如图 4.33）。

第3步：实现了对象的组合（如图 4.34）。

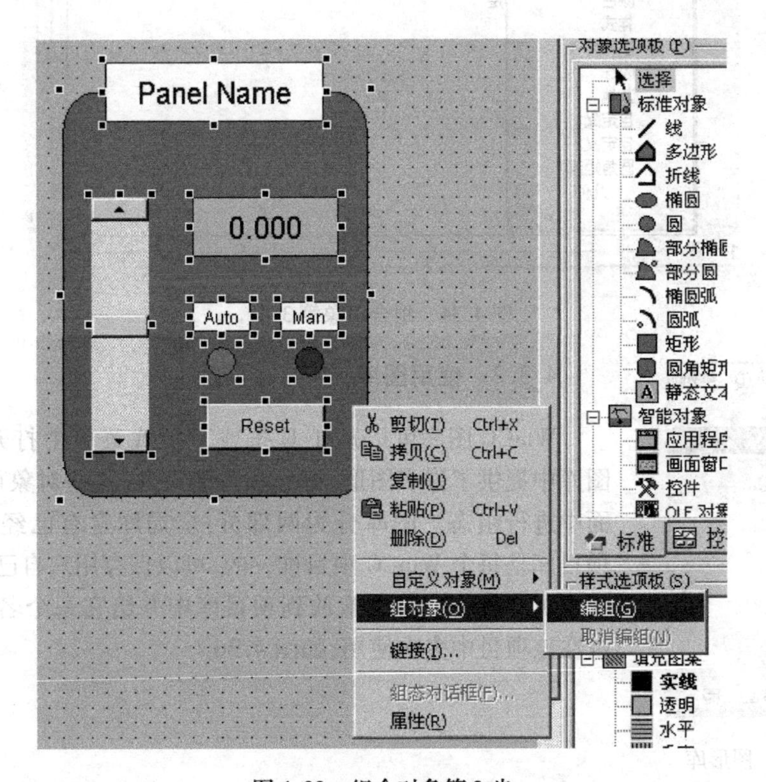

图 4.33　组合对象第2步

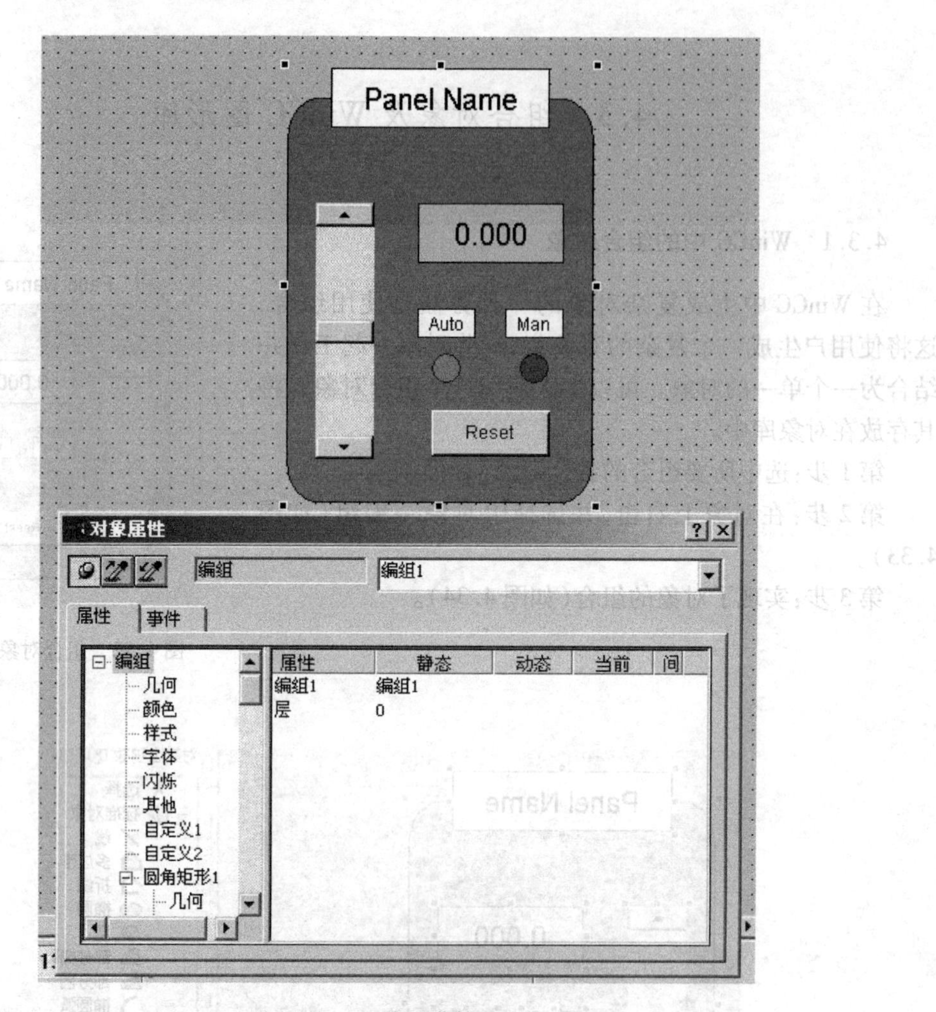

图 4.34　组合对象第 3 步

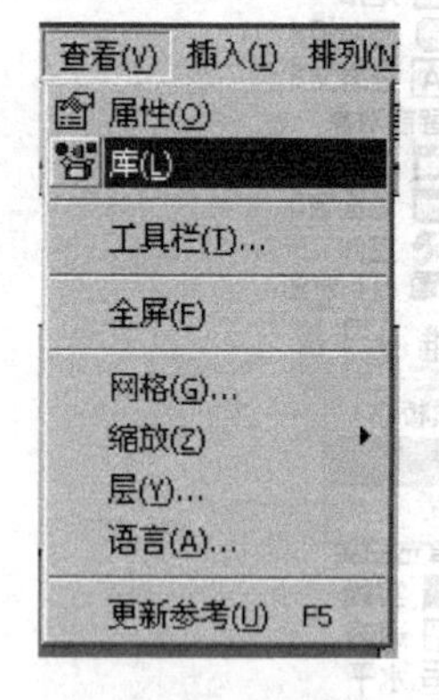

图 4.35　图形库

4.3.2　使用图库

WinCC 图库可以从工具条或下拉式菜单中打开,如图4.35。图库中提供了许多图形、符号和智能对象,这些对象可以拖放到画面中进行组态。图库分为两部分:全局库含有已经做好的对象。项目库是每个 WinCC 项目惟一的,可以保存用户自己的专用对象。我们可以将一个对象拖放到项目库中并给它一个名称,以后就可以在该项目中多次使用,如图 4.36。

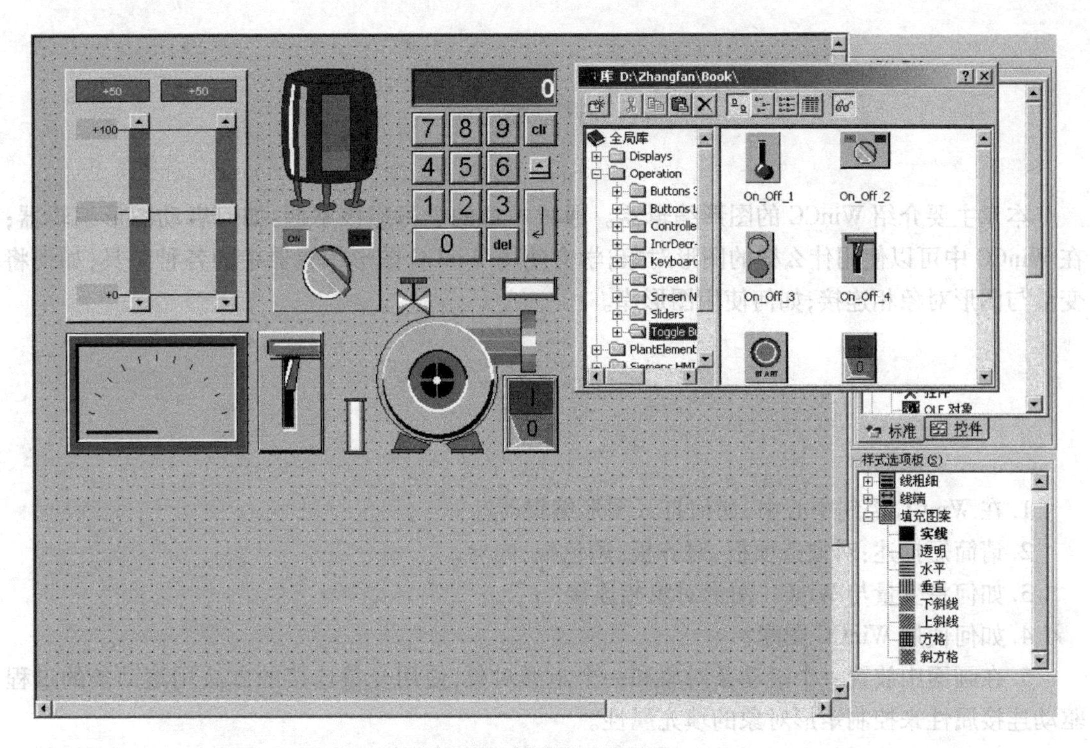

图4.36　图库的应用举例

4.3.3　将对象移至项目库中

我们可以方便地将一个复杂对象(如组合对象)保存到项目库中,如图4.37所示。

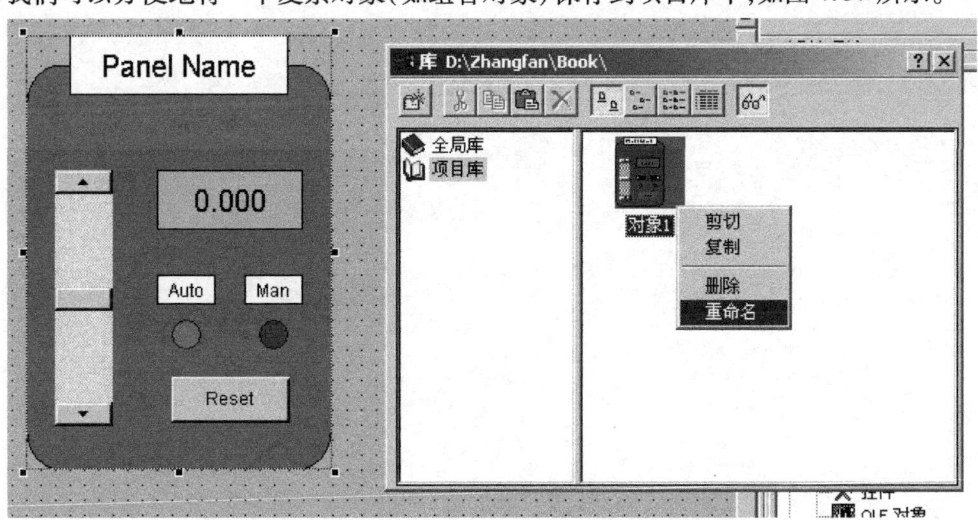

图4.37　将对象拖到项目库中

小　结

本章主要介绍 WinCC 的图形编辑器。通过本章的学习应该掌握:如何启动图形编辑器;在 WinCC 中可以使用什么样的图形对象;学会使用 WinCC 图形编辑器中的各种工具;如何将变量与图形对象相连接;如何使用图形库。

习　题

1. 在 WinCC 控制中心中,如何打开图形编辑器?

2. 请简短描述:对象选项板、对齐板、调色板、向导。

3. 如何将变量与 WinCC 图形对象相连接?

4. 如何使用 WinCC 图库?

5. 在画面中放置一个滚动条对象和一个矩形对象,使用变量连接的方法用滚动条的过程驱动连接属性来控制矩形对象的填充属性。

6. 在画面中放置三个矩形对象,通过变量连接的方式来显示第 3 章习题 7 中的三个变量。

第 5 章 建立动态

图形用户接口的主要目的,是用于为软件应用提供一个易于使用的操作界面。使用图标和画面比使用文本界面对操作员的知识技巧培训要求要少得多。随着 Windows 应用的发展,这种类型的界面将被更广泛地使用。在 WinCC 应用中,为了更加直观地反映被控对象的实际情况,动态显得尤为重要。

5.1 采用直接连接建立动态

5.1.1 直接连接界面

直接连接界面(如图 5.1)是一个功能强大、事件驱动的工具,它允许用户将一个值从源放到目标中。数据源和数据目标可以是常数、变量的当前值,也可以是当前画面中任何对象的任

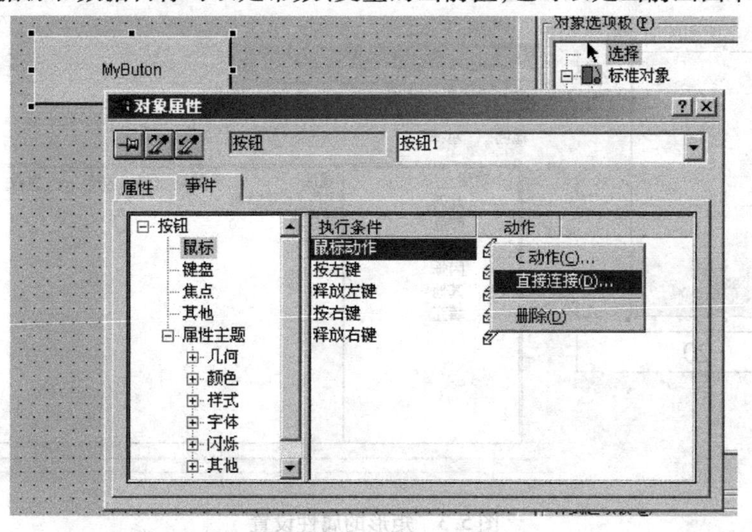

图 5.1 打开直接连接

何属性。想要用直接连接组态某个对象,用户必须在该对象的事件中来建立。直接连接只能在事件中使用,而不能在属性中使用(如图5.2)。一旦某个事件上有直接连接,则该事件位置出现一个蓝色的闪电箭头。

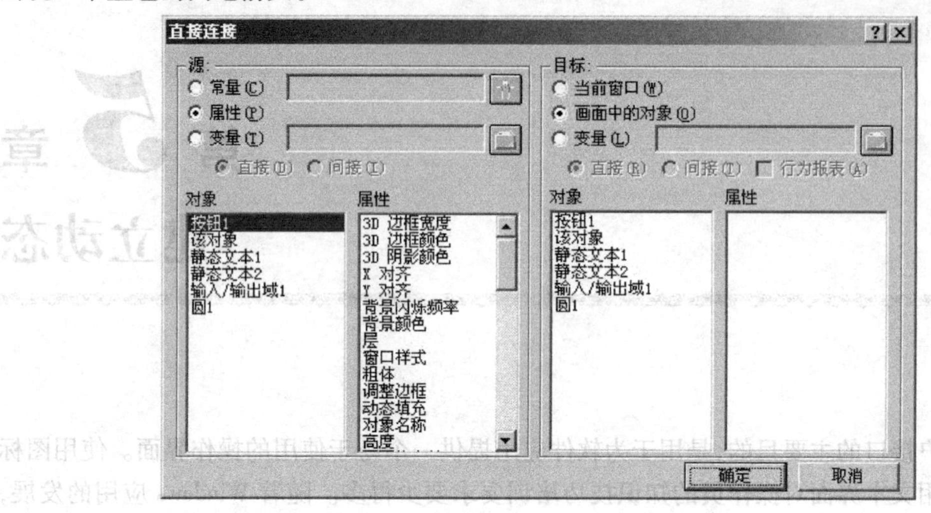

图5.2　直接连接对话框

(1)源

常量:取该域中输入的源数据。可以是数值或字符串格式。

图形浏览器:用户能够为常量选择一个画面名。

属性:从任意对象属性中取源数据,这些对象属性在下面的浏览器中给出。

变量:从变量中提取数据源。

(2)目标

当前窗口:定义目标数据,在当前窗口所选的目标数据为运行时显示的画面。

画面中的对象:目标数据将为浏览器中定义的对象属性。

变量:将源数据赋值给一个变量。

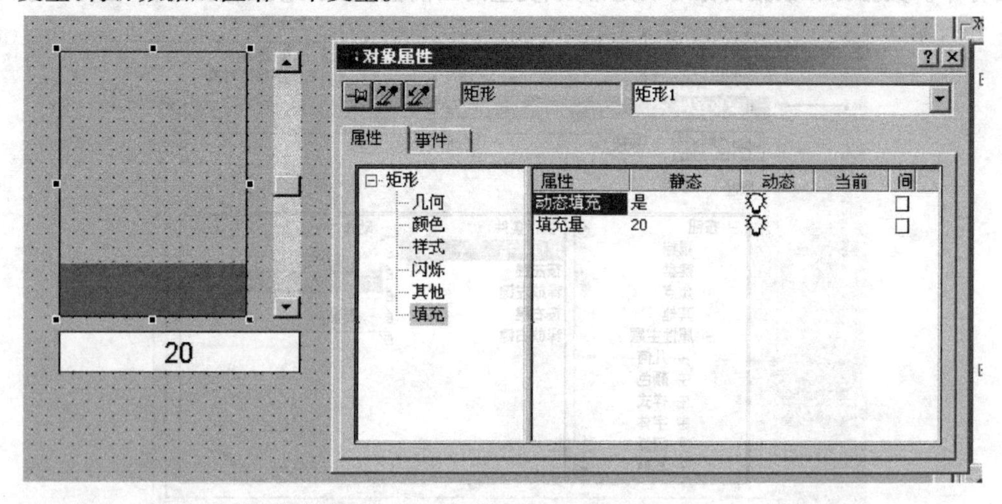

图5.3　矩形的属性设置

5.1.2　直接连接举例

在下面的例子中，在滚动条的过程驱动连接改变事件上，将过程驱动连接与矩形的填充量相连接；在矩形的填充量改变事件上，将填充量连接到静态文本的文本属性，图5.8是运行的结果。拖动滚动条可以改变矩形的填充量，同时静态文本上的数字也会相应地发生变化。

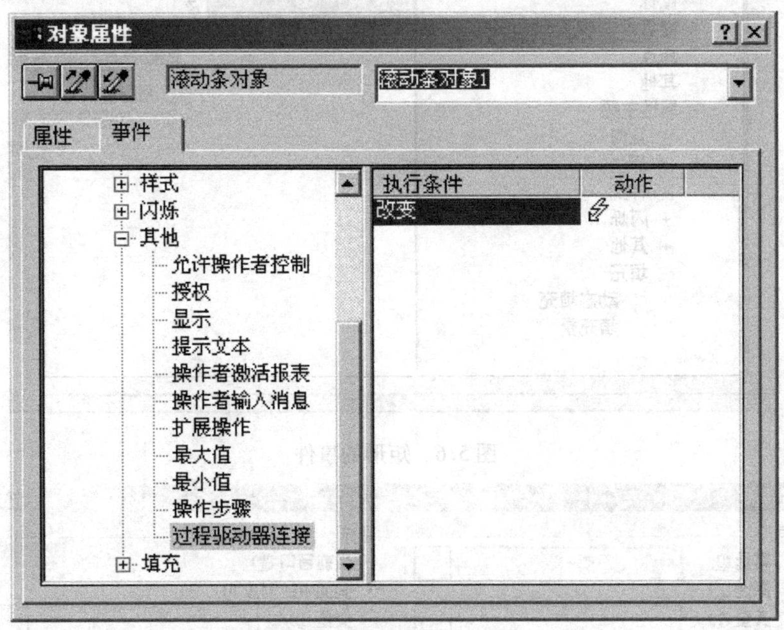

图5.4　滚动条的事件

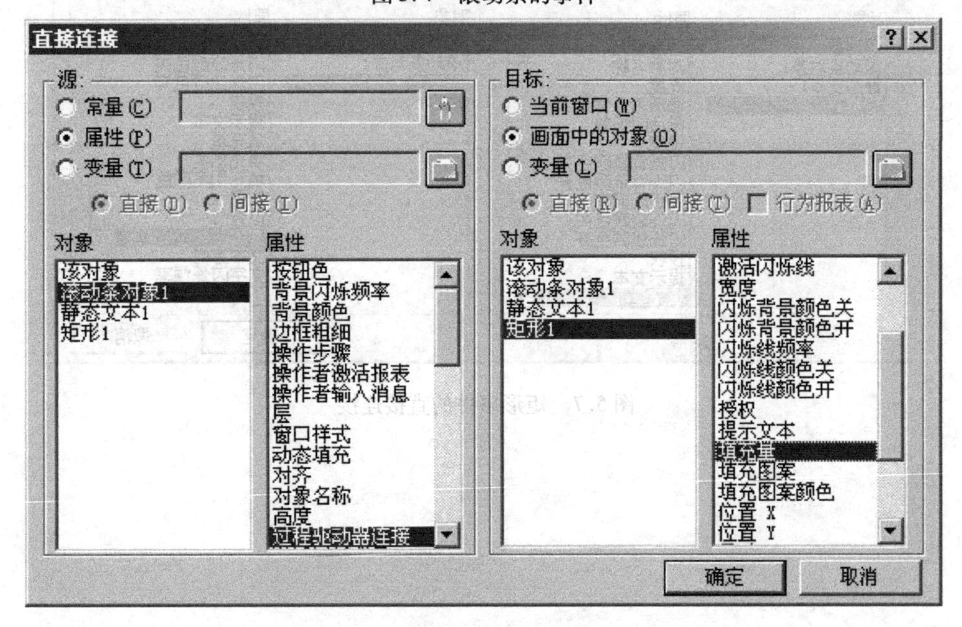

图5.5　滚动条事件的直接连接设置

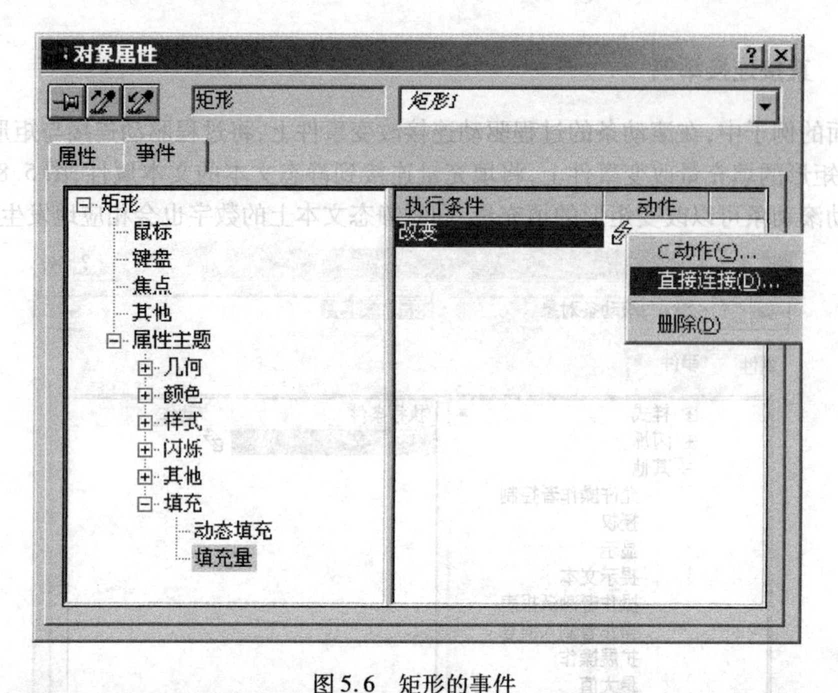

图 5.6 矩形的事件

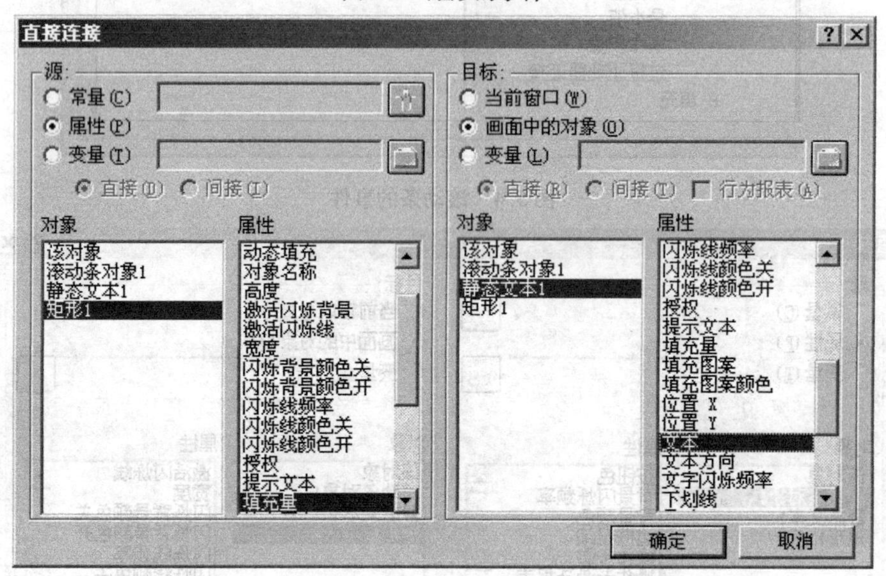

图 5.7 矩形事件的直接连接

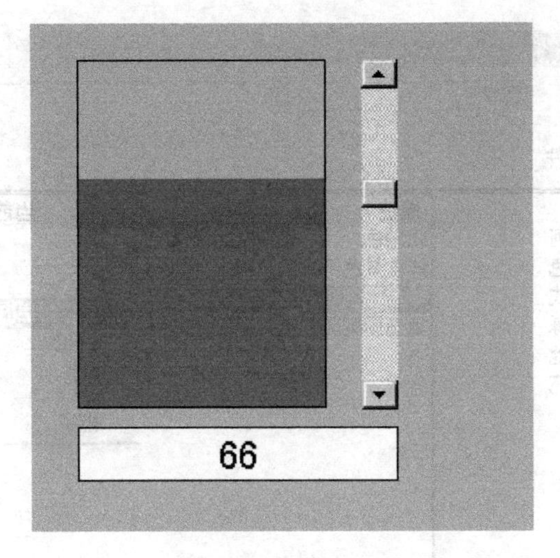

图5.8 运行结果

5.2 采用动态对话框建立动态

5.2.1 动态对话框

动态对话框是一种工具，可使用户定义在运行模式下某对象的属性值或行为，该值或行为取决于表达式的结果。表达式可以简单也可以复杂，可以包含过程变量、C动作和算术操作。实际上，动态对话框将用户的需求转换为C脚本，也称为一种简化的脚本程序。动态对话框为用户提供了一种灵活的C语言编程方法，用户其实并不需要懂得C语言。动态对话框只能用于对象的属性，不能用于对象的事件。

想要显示动态对话框，进入到对象的属性对话框中，然后，找到需要组态的属性。右击“灯泡”图标，在显示的菜单中，选择动态对话框，如图5.9所示。

图5.10是动态对话框的主界面。

事件：使用户组态执行动态对话框的触发器，同时也可以使用变量触发。

表达式：选择所需要的表达式，该表达式可以是一个变量、算术操作或C动作。用户也可以根据需要生成复杂的功能。

检测变量状态：如果表达式中含有变量名，用户可用该项去测试变量与PLC的连接。测试连接的成功与否。在运行时，该对象的背景颜色将有三种状态。绿色为TRUE；红色为FALSE；紫色为与PLC断开连接。

应用：生成组态的动态对话框。

取消：终止组态操作。

检查：检查组态的逻辑和语法的合法性。

添加：通常用于在结果窗口中假如元素或定义状态。

在使用动态对话框时，一般有4个步骤：

①生成表达式。

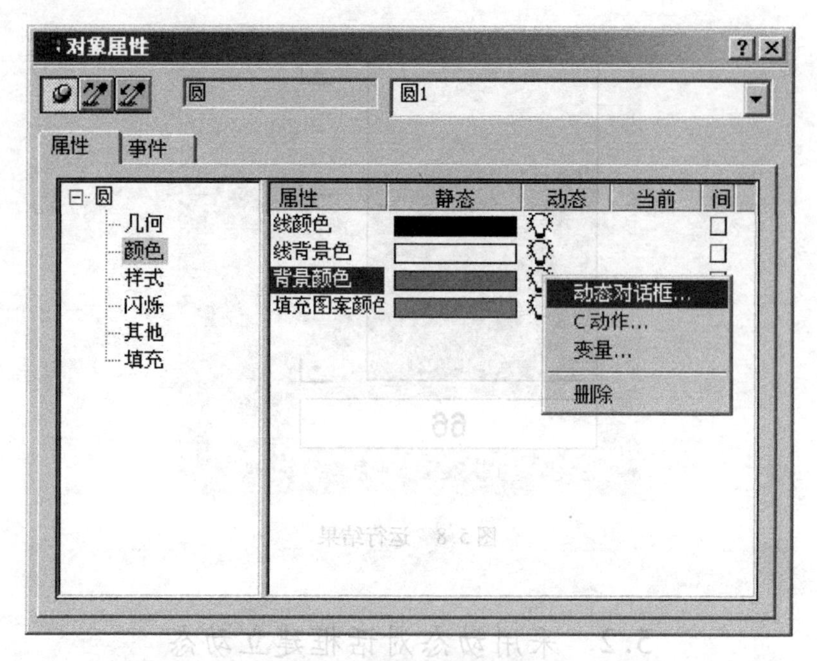

图 5.9　打开动态对话框

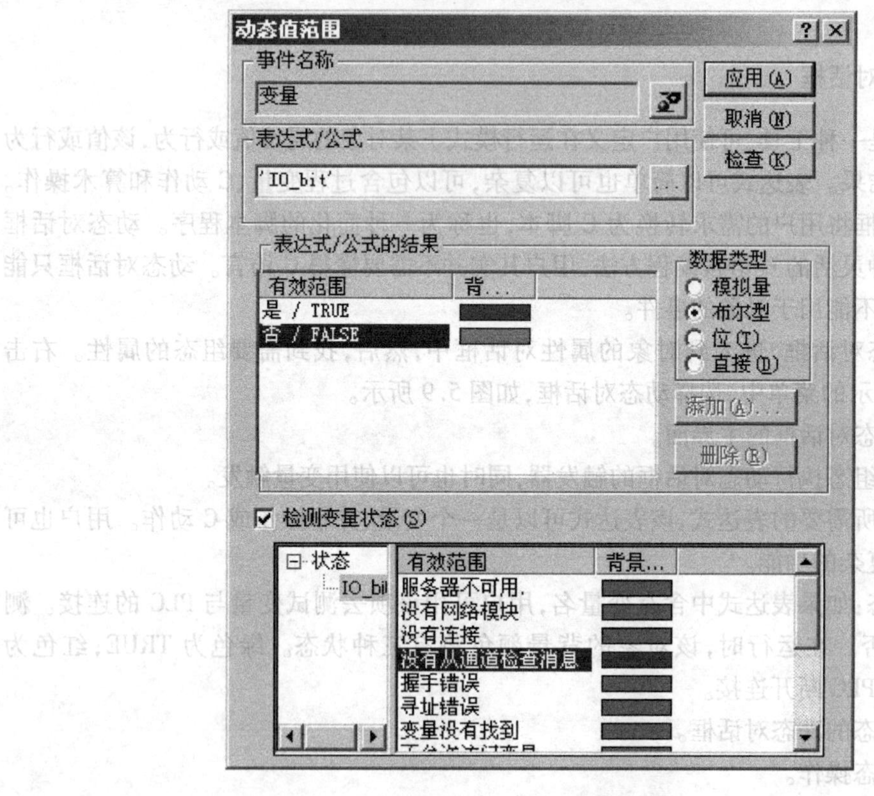

图 5.10　动态对话框界面

②组态判断表达式的方法。

③组态触发器类型。

④测试组态。

5.2.2　使用动态对话框

第1步:生成表达式。

图5.11至图5.13是可以用于动态对话框的表达式的三种基本类型,在使用时可以单独使用,也可以将它们混合成为复杂表达式。

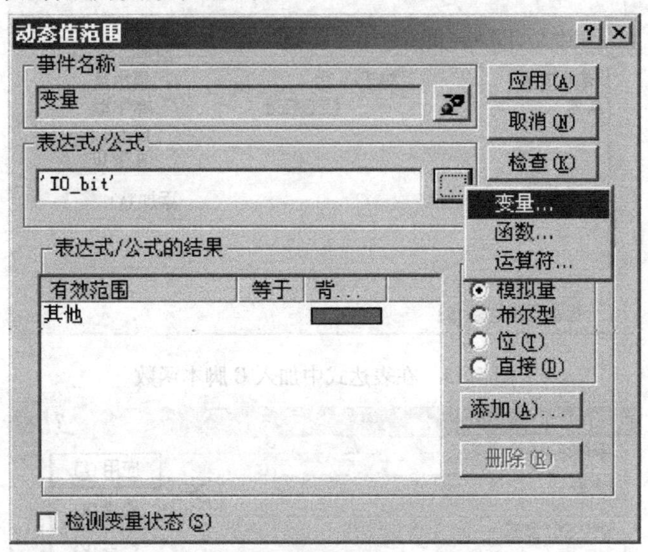

图5.11　单独使用变量作为表达式

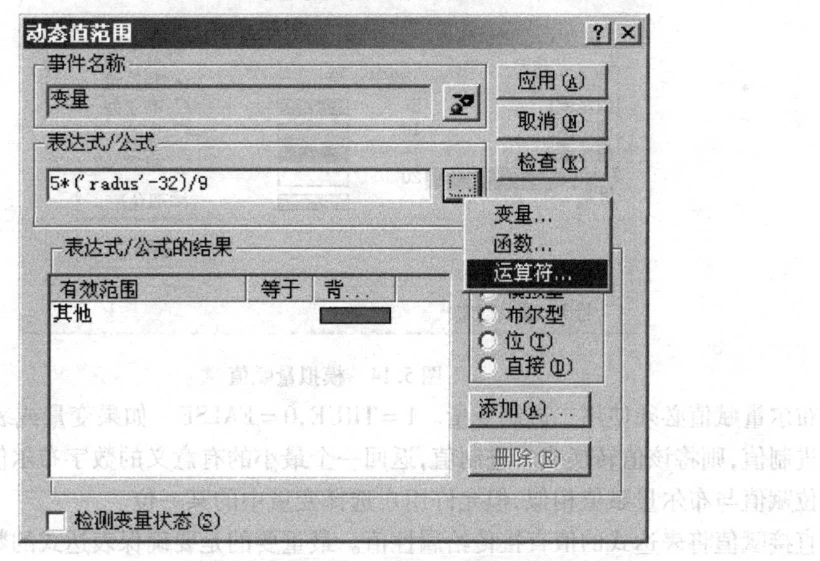

图5.12　采用算术公式作为表达式

第2步:编辑表达式的赋值方法。

当我们组态好了表达式之后,就必须定义该表达式将对我们所选的对象属性进行什么样的操作,也就是表达式如何赋值。图5.14至图5.17是四种不同的赋值方法。

注意:模拟量赋值为表达式的每个范围组态一个值。图5.14中值在0~5范围中时,对象的背景色属性将为红色。

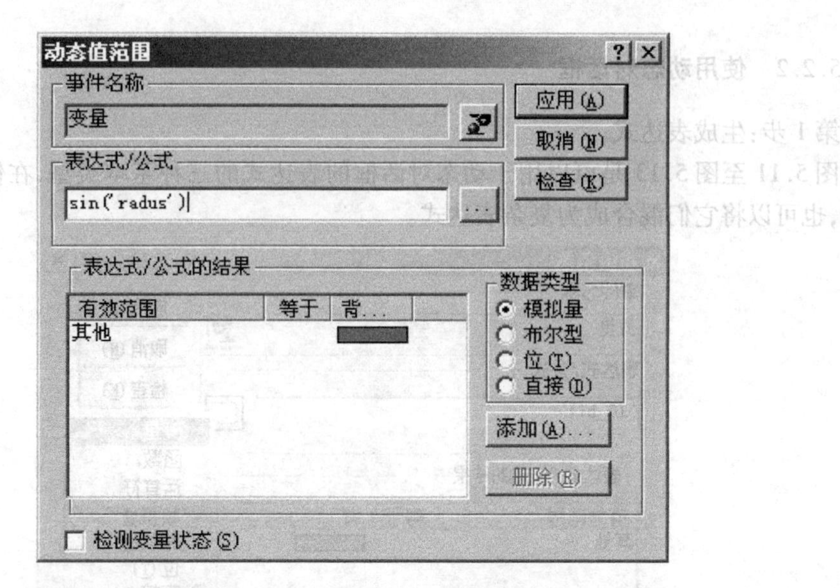

图 5.13　在表达式中加入 C 脚本函数

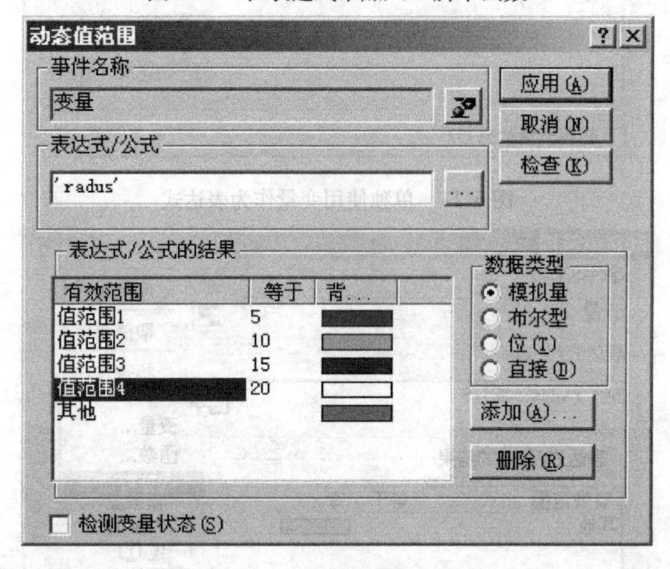

图 5.14　模拟量赋值

布尔量赋值必须使用二进制变量。1 = TRUE，0 = FALSE。如果变量或表达式数据类型不是二进制值，则将该值转换成二进制值，返回一个最小的有意义的数字布尔值。

位赋值与布尔量赋值相似，但允许用户选择变量中的某一位。

直接赋值将表达式的值直接传给属性值。最重要的是要确保表达式的数据类型和属性相匹配。

第 3 步：组态触发器。

当表达式和赋值方法组态完成后，我们将建立触发器以确定何时执行动作。

在触发事件中，我们可以采用变量触发或周期触发。采用变量触发时，当所选变量发生改变时，动作就会执行。同时，我们也可以采用多个变量同时触发一个动作。

第 4 步：测试结果。

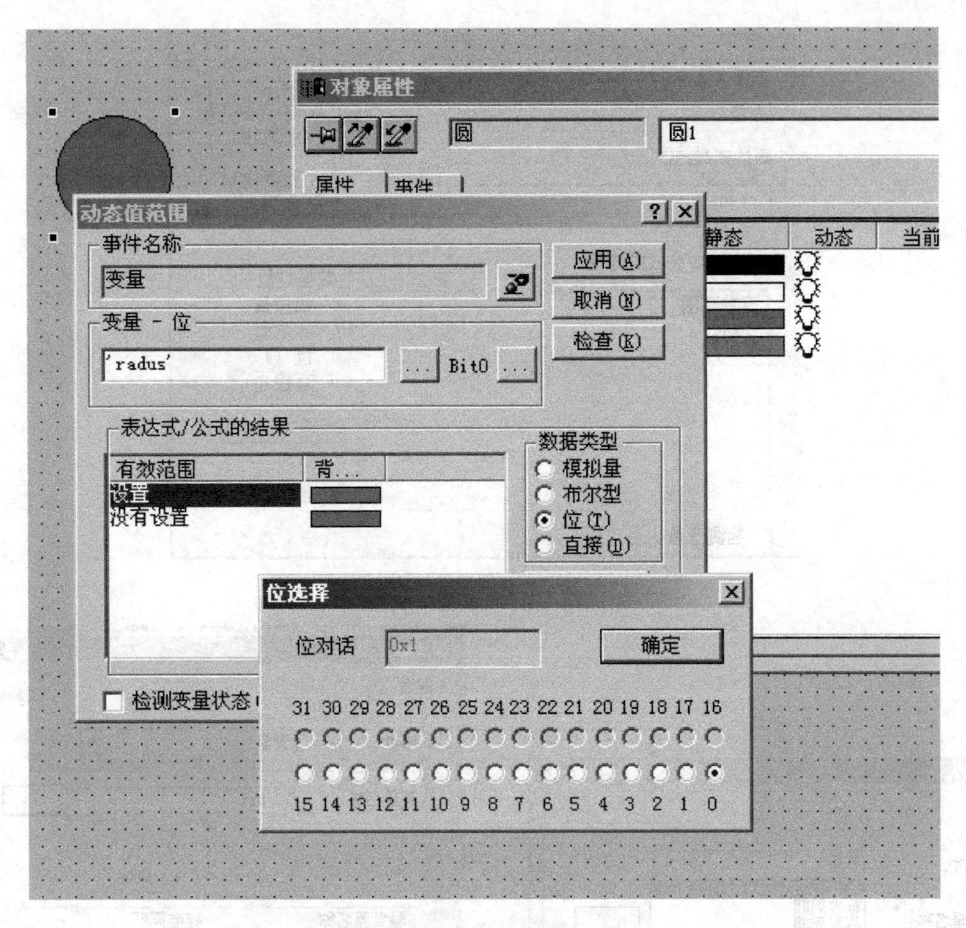

图5.15 位赋值

图5.16 布尔量赋值

组态完成之后，我们可以通过检查功能来检查组态是否有错误。要使用检查功能，只需要按下界面上的检查按钮即可，图5.21为常见的出错信息。

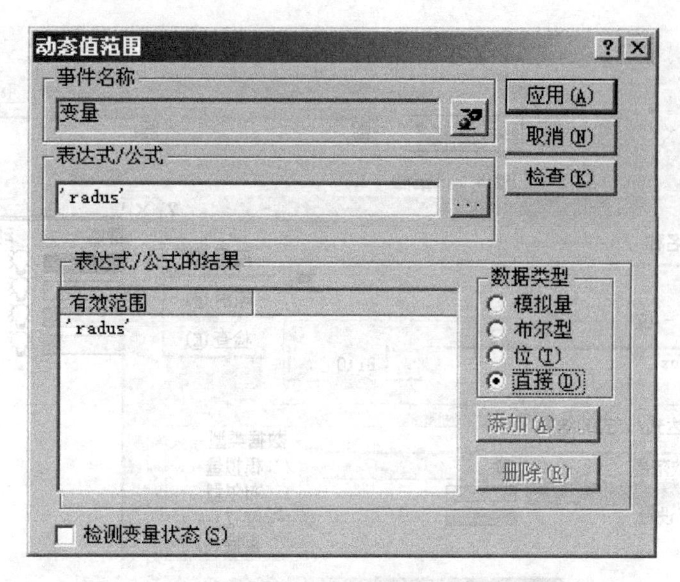

图 5.17　直接赋值

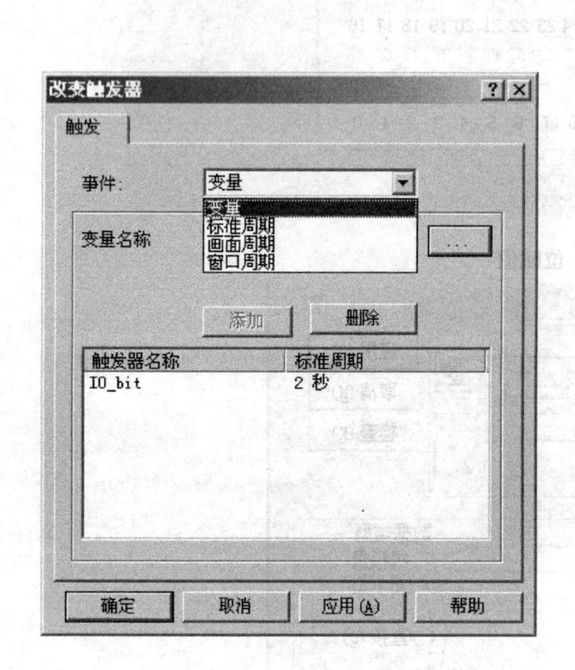

图 5.18　采用变量触发

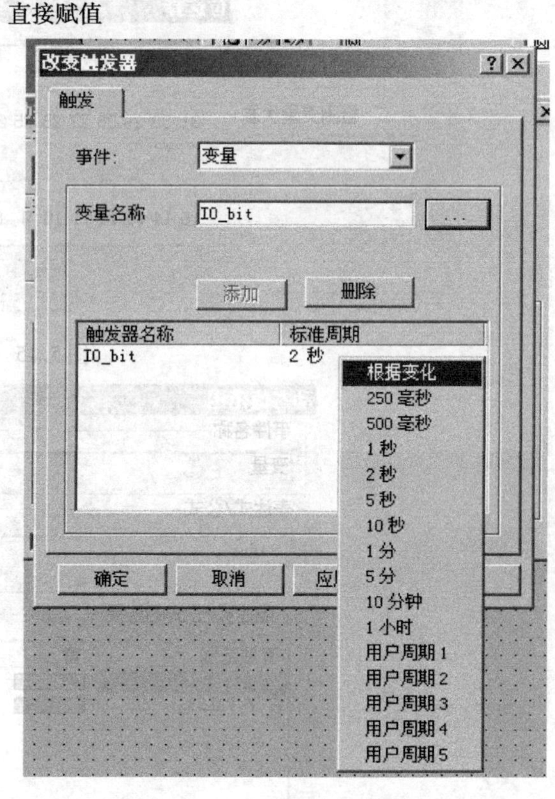

图 5.19　选择不同的周期

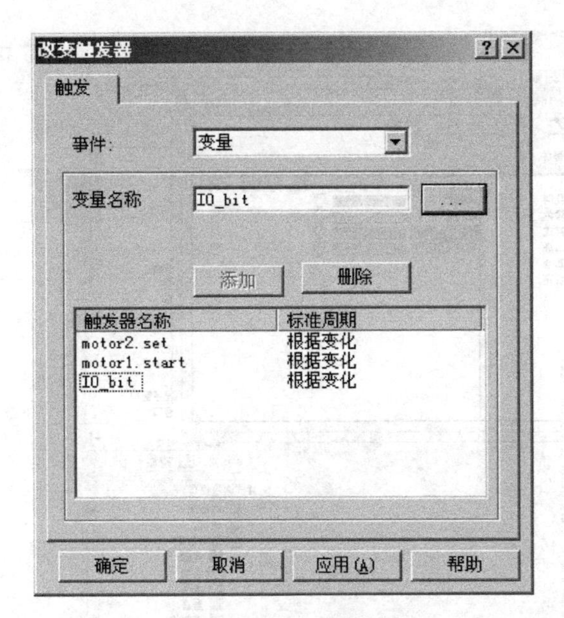

图 5.20　采用多个变量同时触发

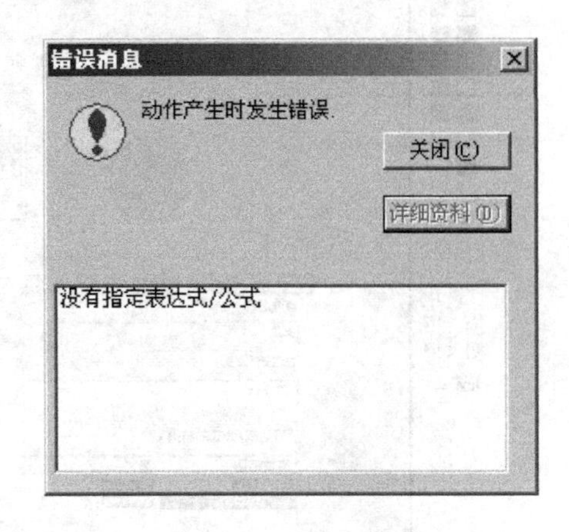

图 5.21　出错信息

图 5.22 为没有错误时的提示信息。

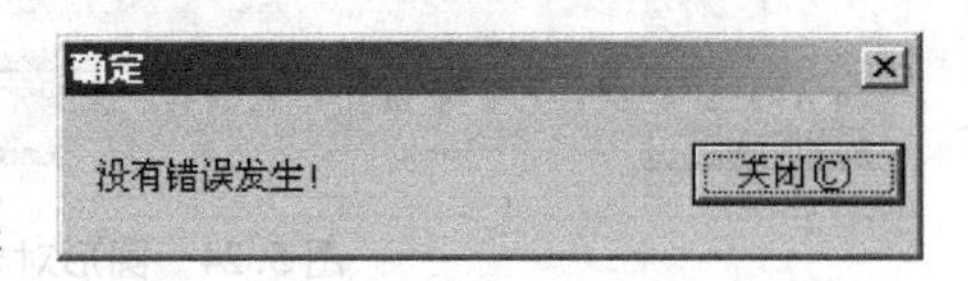

图 5.22　正常信息

5.2.3　动态对话框举例

在本例中,我们利用动态对话框实现用开关来控制圆形的颜色。开关对象的 Toggle 属性与变量 IO_bit 连接,在圆形对象的背景颜色属性上组态动态对话框,如图 5.23。用变量 IO_bit 进行触发,表达式取 IO_bit 本身,当 IO_bit 为 1 时,背景颜色为红色,为 0 时,背景颜色为绿色,如图 5.24。

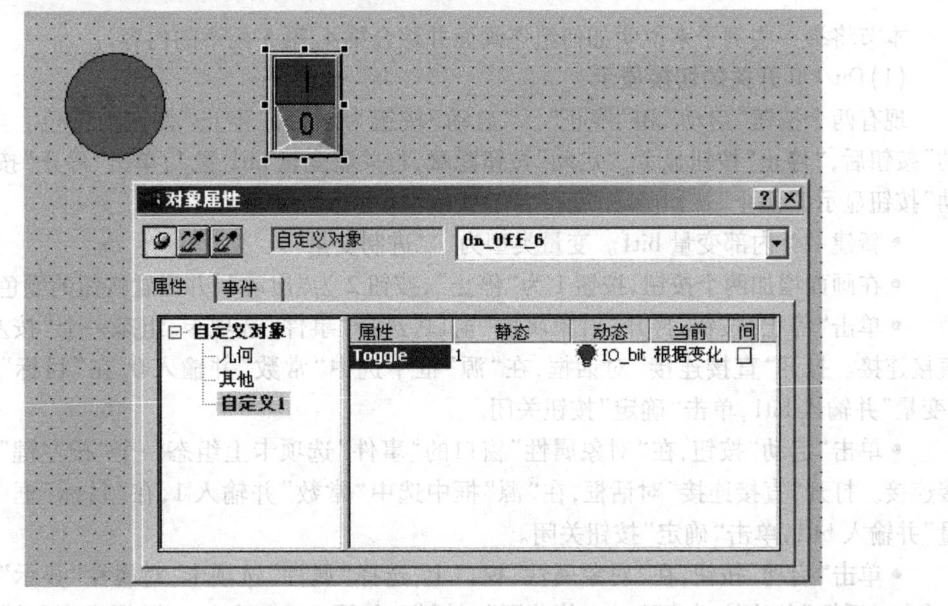

图 5.23　开关对象的属性设置

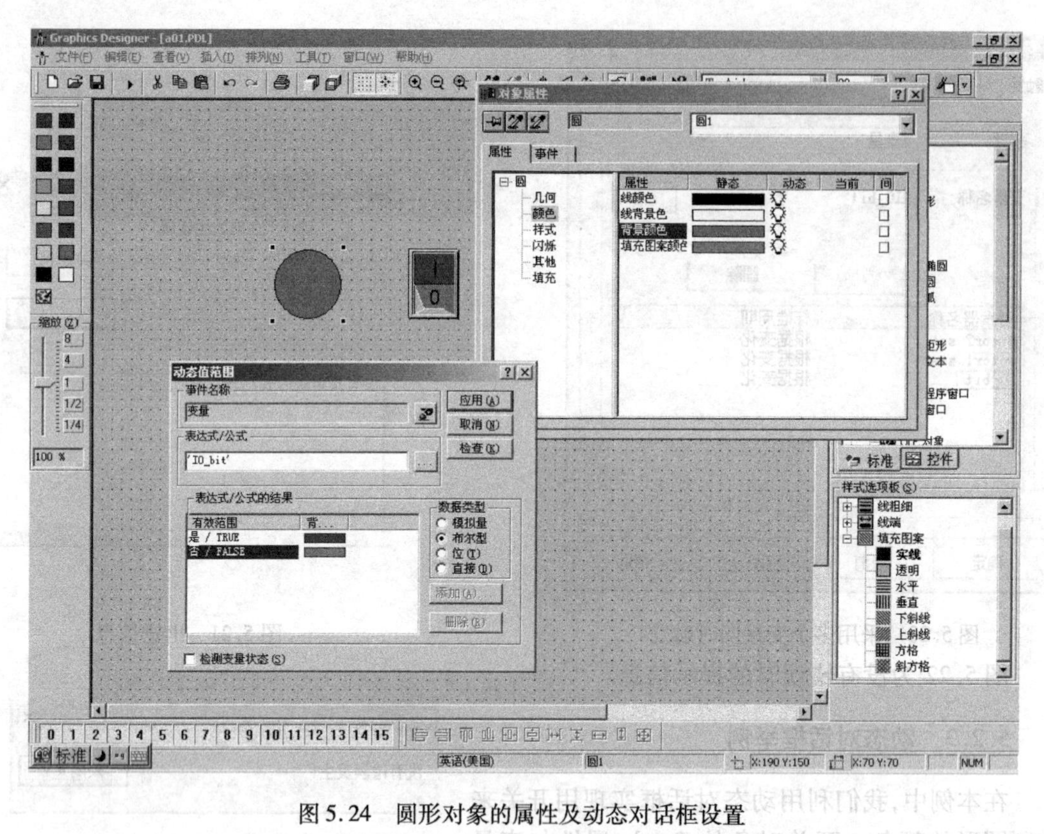

图 5.24　圆形对象的属性及动态对话框设置

5.3　综合应用图形编辑器及动态的例子

本节将举一些例子来说明如何组态画面并综合第4、第5两章的内容。

(1) On/Off 开关的切换显示

现有两个按钮“启动”和“停止”。“启动”按钮为绿色,“停止”按钮为红色。当单击“启动”按钮后,“停止”按钮显示,“启动”按钮隐藏,将关联变量 bit1 置 1;单击“停止”按钮后,“启动”按钮显示,“停止”按钮隐藏,变量 bit1 置 0。

- 新建一个内部变量 bit1。变量类型为“二进制变量”。
- 在画面增加两个按钮,按钮 1 为“停止”,按钮 2 为“启动”,并设置按钮的颜色属性值。
- 单击“停止”按钮,打开“对象属性”窗口,选择“事件”选项卡,组态一个“按左键”事件直接连接。打开“直接连接”对话框,在“源”框中选中“常数”并输入 0,在“目标”框中选中“变量”并输入 bit1,单击“确定”按钮关闭。
- 单击“启动”按钮,在“对象属性”窗口的“事件”选项卡上组态一个“按左键”事件的直接连接。打开“直接连接”对话框,在“源”框中选中“常数”并输入 1,在“目标”框中选中“变量”并输入 bit1,单击“确定”按钮关闭。
- 单击“启动”按钮,在“对象属性”窗口上,选择“属性”选项卡,对属性“显示”创建一个“动态对话框”的连接,打开“动态值范围”对话框,如图 5.25 所示。“数据类型”选择为“布尔型”,“表达式/公式”文本框中输入 bit1(或打开“变量选择”对话框进行选择)。当 bit1 的值为

"是/真"时,设置"显示"为"否";当 bit1 的值为"否/假"时,设置"显示"为"是"。单击"应用"按钮,关闭此对话框。

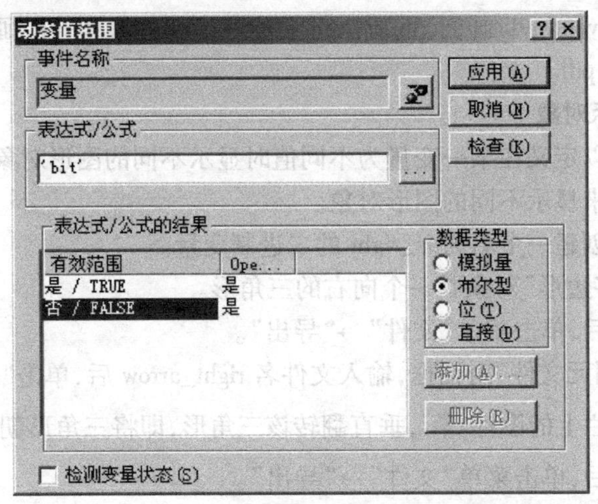

图 5.25　组态对象的显示与隐藏

- 将"启动"按钮和"停止"按钮放置在同一位置,"启动"按钮叠加在"停止"按钮的上面,只显示出"启动"按钮。如果两个按钮叠加在一起时只显示"停止",则此时可选择"停止"按钮,单击标准工具栏上的图标 ,将"停止"按钮移动到后台。
- 在画面上添加一个"输入/输出域"对象,从打开的"组态"对话框中选择变量 bit1。
- 保存画面,激活工程进行测试。

(2) 画面切换

现有两个画面,画面名称为 start. pdl 和 PropAndEvent. pdl。现在组态两个按钮分别放置在这两个画面,当单击 start. pdl 上的按钮时,将把画面切换到 PropAndEvent. pdl 上;当单击 PropAndEvent. pdl 上的按钮时,切换到 start. pdl 上。

下面介绍用动态向导来实现的步骤:

- 单击图形编辑器上的菜单"查看"→"工具栏"菜单项,打开"工具栏"配置对话框。
- 选中"动态向导"复选按钮,单击"确定"按钮后,动态向导出现在图形编辑器上。
- 在 start. pdl 画面上添加一个按钮对象,把它的"文本"属性改为 PropAndEvent,并选择此按钮。
- 移动鼠标到"动态向导"工具栏上,选择 Picture 选项卡,如图 5.26 所示。

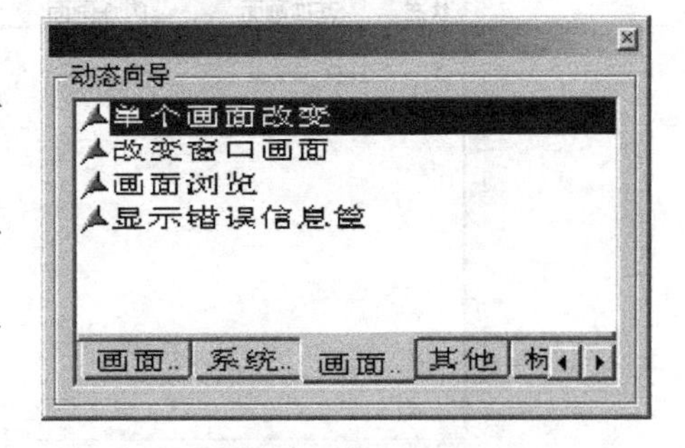

图 5.26　动态向导工具

- 双击 Single picture change,打开"欢迎来到动态向导"窗口。
- 单击"下一步",打开"选择触发器"窗口。
- 选择 left mouse key,单击"下一步",打开"设置选项"窗口。
- 单击此窗口上的浏览图标,打开"画面浏览器"对话框,从中选择名称为 PropAndEvent. pdl 的画面,单击"确定"。

• 单击“下一步”,打开“完成”窗口,单击“完成”。

• 保存画面。

• 打开 PropAndEvent. pdl 画面,重新执行上述各步骤的操作,在“画面浏览器”对话框中选择的画面应为 start. pdl。

(3) 使用状态显示对象

状态显示对象可以定义在某一变量为不同值时显示不同的图形对象。下面的步骤说明如何使用状态显示对象来显示不同的图形对象。

• 在变量管理器创建一个名为 is_right 的二进制变量。

• 在画面上用“多边形”对象画一个向右的三角形。

• 选择该三角形后,单击菜单“文件”→“导出”。

• 打开“保存为图元文件”对话框,输入文件名 right_arrow 后,单击“保存”。

• 单击标准工具栏上的图标 ,垂直翻转该三角形,即将三角形朝左。

• 选择该三角形后,单击菜单“文件”→“导出”。

• 打开“保存为图元文件”对话框,输入文件名 left_arrow 后,单击“保存”按钮。

• 在画面上添加一个智能对象“状态显示”。

• 打开“状态显示组态”对话框。

• 选择变量为 is_right,选择更新周期为“1 秒”。

• 按照如图 5.27 所示设置状态和基准画面,单击“确定”按钮退出。

可以对变量 is_right 赋 0 和 1 时进行测试。当 is_right 为 0 时,对象显示为向左的三角形;当为 1 时,显示向右的三角形。

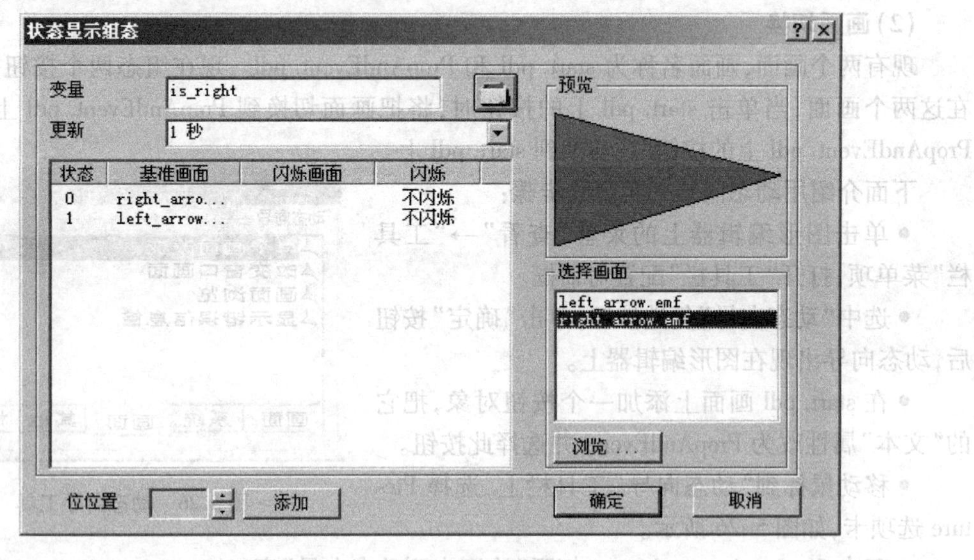

图 5.27 状态显示的组态

(4) 画中画

本例使用两个画面,较大画面的名称为 start. pdl,小画面的名称为 disp_speed. pdl。大画面包含小画面,缺省情况下,小画面不显示。当单击大画面上的“显示”按钮时,显示小画面;当单击小画面的“隐藏”按钮时,小画面隐藏。组态步骤如下:

• 新建一个画面,命名为 disp_speed. pdl。

• 在此画面上添加3个对象,包括一个“输入/输出域”、一个按钮和一个 WinCC Gauge Control 控件。将“输入/输出域”对象用变量连接到第5章建立的变量 motor_actual 上,将 WinCC Gauge Control 控件的 Value 属性也用变量连接到 motor_actual 上,画面的宽度和高度分别设置为200和250,如图5.28所示。

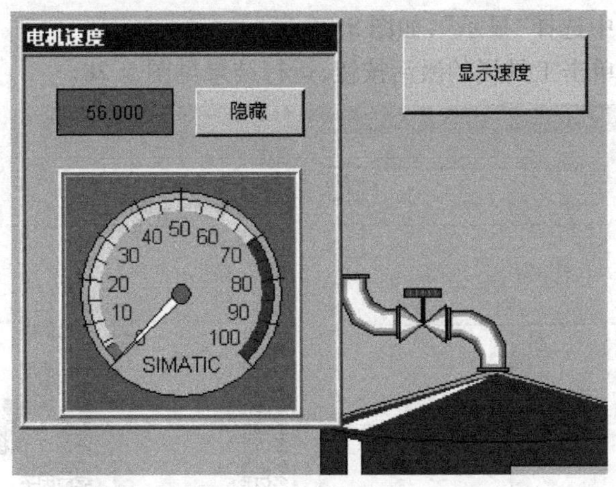

图5.28　小画面

• 将按钮的“文本”属性改为“隐藏”,对按钮的“按左键”事件组态一个“直接连接”。在直接连接的“源”框中选择“常数”为0,选择“目标”框中的“当前窗口”单选按钮,选择“属性”框中的“显示”项,保存画面。

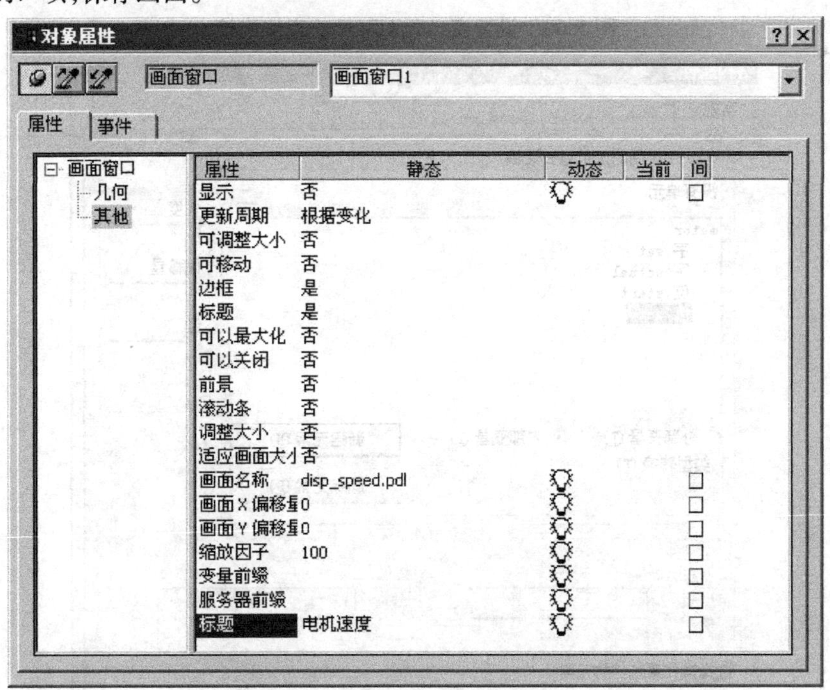

图5.29　设置画面窗口的属性

• 打开 start. pdl 画面,在画面上添加一个智能对象“画面窗口”和一个按钮对象,将按钮对象的“文本”属性改为“显示速度”,将画面窗口对象的窗口宽度和高度分别改为210和260。“显示”属性设置为“否”,“标题”和“边框”属性设置为“是”。“画面名称”属性设置为disp_speed. pdl,“标题”属性设置为“电机速度”。设置结果如图5.29所示。

- 单击将事件组态为一个直接连接,在“直接连接”对话框的“源”框中选中“常数”单选按钮,并输入数值1,在“目标”框中,选中“画面中的对象”单选按钮,在“对象”栏中选择“画面窗口”,在“属性”栏中选择“显示”,如图5.30所示。
- 保存start. pdl,单击工具栏的激活按钮,运行结果见图5.28。

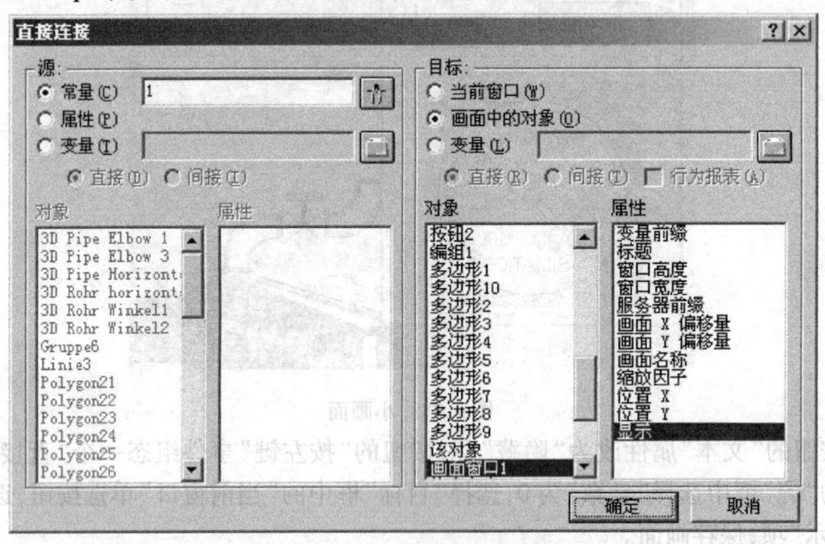

图5.30　设置窗口画面可见的直接连接

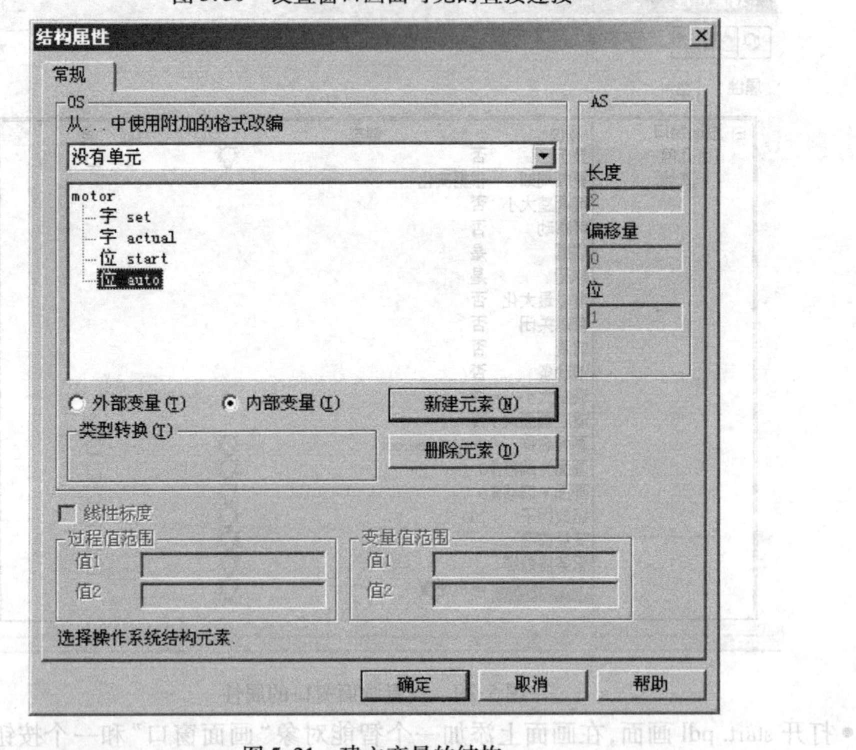

图5.31　建立变量的结构

(5) 组态画面模板

现有 3 台电机,每台电机的属性有:速度设定值、速度实际值、电机启动/停止、单击手动/自动。组态一个可以显示 3 台电机的画面的步骤如下:

• 右击 WinCC 项目管理器浏览窗口中的"结构变量"。从快捷菜单中选择"新建结果类型"菜单项,打开"结构属性"对话框,将结构类型重命名为 motor。在此结构下建立 4 个结构元素,即 set(速度设定值)、actual(速度实际值)、start(电机启动)、auto(电机自动),改变元素的数据类型,选择元素是内部变量或是外部变量,如图 5.31 所示。

• 在相应的通道驱动程序的连接下建立数据类型为 motor 的结构变量。(为了测试方便,组态的结构元素都为内部变量,因此在内部变量目录下创建结构变量。)重复同样的操作建立 3 个结构变量,变量名称分别为 motor1,motor2 和 motor3。创建的变量如图 5.32 所示。

名称	类型	参数
Script	变量组	
@CurrentUser	文本变量 8 位字符集	0
TankLevel	有符号 16 位数	
is_right	二进制变量	
motor1.set	无符号 16 位数	
motor1.actual	无符号 16 位数	
motor1.start	二进制变量	
motor1.auto	二进制变量	
motor2.set	无符号 16 位数	
motor2.actual	无符号 16 位数	
motor2.start	二进制变量	
motor2.auto	二进制变量	
motor3.set	无符号 16 位数	
motor3.actual	无符号 16 位数	
motor3.start	二进制变量	
motor3.auto	二进制变量	

图 5.32　创建的三个结构变量

• 打开图形编辑器,新建一个画面,名称为 motorvalue. pdl。在此画面内增加两个"静态文本"、两个"输入/输出域"、两个"棒图"对象。单击标准工具栏上的按钮,打开"显示库",单击"全局库"→"Operation"→"Toggle Button",添加两个 On_Off4 对象到画面中。

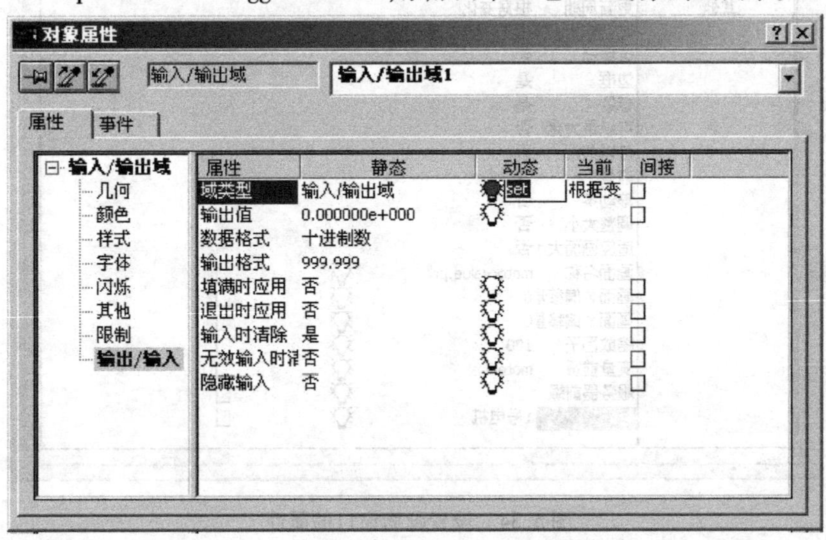

图 5.33　设置对象输入/输出域的输出值属性

● 在画面中选择"输入/输出域 1"对象，右击此对象，在"对象属性"窗口中将此对象的"输出值"属性置为 set，如图 5.33 所示。在此处的变量连接中，变量表中并无一个名称为 set 的变量，只有名称为 motor1. set，motor2. set 和 motor3. set 的变量。取这些变量的后面部分即为 set。

● 根据上述方法按照表 5.1 所列设置各个对象的动态属性值。对象的其他属性值可根据需要进行设置。

表 5.1 设置对象属性

对象名称	对象属性	属性值
输入/输出域 1	输出值	set
输入/输出域 2	输出值	actual
棒图 1	过程驱动连接	set
棒图 2	过程驱动连接	actual
On_Off_4	Toggle	start
On_Off_1	Toggle	auto

● 调整画面中对象的大小和画面的大小，将此画面宽设为 200，高设为 280。保存画面。

● 新建另一个画面，画面名称为 status. pdl。在此画面上添加 3 个"画面窗口"对象。选择画面上的"画面窗口"对象，打开"对象属性"窗口后，将"画面窗口"对象的属性"边框"和"标题"设为"是"，"画面名称"设为 motorvalue. PDL，"变量前缀"设为 motor1.（注意：最后有一个点），最后一个属性"标题"设为"1 号电机"。结果如图 5.34 所示。

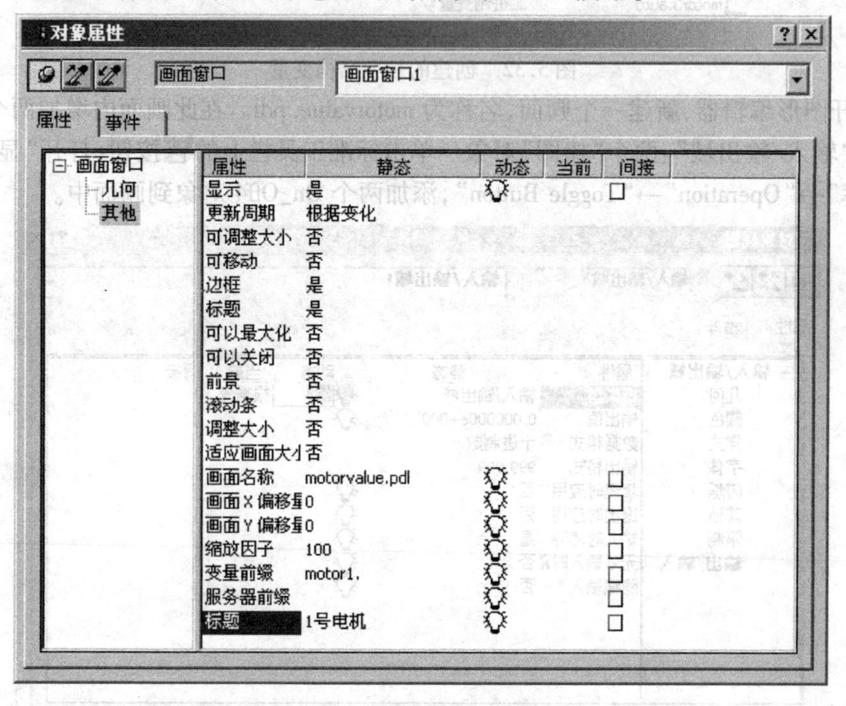

图 5.34 设置画面窗口的属性

● 按照同样的方法对"画面窗口 2"和"画面窗口 3"对象进行设置。"画面窗口 2"的"变量前缀"设为 motor2.,"标题"设为"2 号电机"。"画面窗口 3"的"变量前缀"设 motor3."标题"设为"3 号电机"。这两个对象的其他属性值与"画面窗口"对象的属性值设置相同。将 3 个画面窗口的宽度设为 210,高度设为 300。保存画面。

● 单击标准工具栏上的"激活"进行测试,当在不同的画面窗口中操作时,并不影响其他的窗口,如图 5.35 所示。

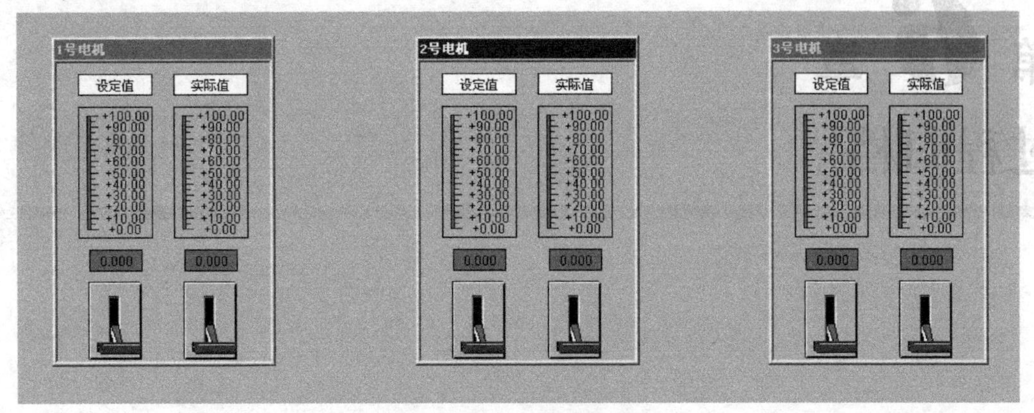

图 5.35　画面模板效果

小　结

本章主要介绍在 WinCC 图形编辑器中,如何使画面上的各种对象产生动作。通过本章的学习,应该掌握:如何使用图形编辑器生成动态对象;如何使用直接连接来实现动态;如何使用动态对话框来实现动态;会综合应用图形编辑器及各种实现动态的方法建立比较复杂的人机界面。

习　题

1. 请描述如何使用直接连接来实现动态。

2. 请比较说明第 4 章习题 5 中的动态与例子图 5.8 中通过直接连接实现的动态有何区别?

3. 请描述如何使用动态对话框来实现动态。

4. 通过动态对话框实现数据转换:在画面中组态两个输入/输出域,一个用来输入数据、一个用来输出数据;组态一个按钮来实现数据转换,当操作人员按下按钮时,要求输出的数据与输入数据有某种数学关系(可由读者自己定义该数学关系)。

5. 请用扇形对象的圆心角大小来表示第 3 章习题 7 中的三个变量。

第6章 过程归档

6.1 过程值归档基础

6.1.1 作用和方法

过程值归档的目的是采集、处理和归档工业现场的过程数据。以这种方法获得的过程数据可用于获取与设备的操作状态有关的管理和技术标准。

在运行系统中,采集并处理将被归档的过程值,然后将其存储在归档数据库中。在运行系统中,可以以表格或趋势的形式输出当前过程值或已归档过程值,也可将所归档的过程值作为记录打印输出。

WinCC 使用“变量记录”组件来组态过程值的归档,可选择组态过程值归档和压缩归档,定义采集和归档周期,并选择想要归档的过程值。

在图形编辑器中,WinCC 提供了 WinCC Online Table Control 和 WinCC Online Trend Control 这两个 ActiveX 控件,以便能在运行系统中以不同的方式显示过程数据。

6.1.2 组态系统功能描述

(1)启动和停止事件

可用事件来启动和停止过程值归档。触发事件的条件可链接到变量和脚本。在 WinCC 中,下列事件之间有所区别。

1)二进制事件

响应布尔型过程变量的改变。例如,当打开电机时才启动电机速度的过程值归档。

2)限制值事件

对低于或高于限制的数值或达到限制值做出反应。限制值改变可以是绝对的,也可以是相对的。例如,可以在温度波动大于2%的情况下触发归档。

3)时间控制的归档

以某一个预先设定的时间间隔控制的归档。

(2)归档变量的采集类型

在一个归档中,可以定义要归档变量的不同采集类型。

1)非周期

变量的采集周期不固定,可定义一个返回值为布尔类型的函数,当它的返回值变化时进行采集;也可是一个布尔(二进制)类型的变量,当它的值变化时进行采集。

2)连续周期

启动运行系统时,开始周期性的过程值归档。过程值以恒定的时间周期采集,并存储在归档数据库中。终止运行系统时,周期性的过程值归档结束。

3)可选择周期

发生启动事件时,在运行系统中开始周期地选择过程值归档。启动后,过程值以恒定时间周期采集,并存储在归档数据库中。停止事件发生或运行系统终止时,周期性的过程值归档结束。停止事件发生时,最近采集的过程值也被归档。

4)一旦改变

如果过程变量有变化就进行采集,归档与否由所设定的时间周期来决定。

(3)进行归档的数据

对一个过程变量进行归档,并不一定是按实际值进行归档。由于采集周期和归档周期可以不同,且归档周期是采集周期的整数倍,因此数个过程值才产生一个归档值。可以对这数个过程值进行某种运算后再进行归档。可选择的运算有求和、最大值、最小值和平均值,还可以选择自定义函数。

(4)组态归档

在归档的组态中,可选择两种类型的归档。

1)过程值归档

存储归档变量中的过程值。在组态过程值归档时,选择要归档的过程变量和存储位置。

2)压缩归档

压缩来自过程值归档的归档变量。在组态压缩归档时,选择计算方法和压缩时间周期。

(5)快速归档和慢速归档

将归档周期小于等于1 rain的变量记录称为快速归档。

将归档周期大于1 rain的变量记录称为慢速归档。

(6)归档备份

在快速和慢速归档中都可设定归档是否备份,以及归档备份的目标路径和备选目标路径。

6.2 组态过程值归档

本节以实例讲述如何在“变量记录”编辑器中建立归档,以及如何添加过程变量到归档中。对内部变量和外部变量的过程值归档使用同样的方法。为便于测试,本节的例子使用内部变量替换过程变量。在归档中我们要创建两个内部变量 motor_actual 和 oil_temp。

第1步:打开变量记录编辑器。

● 在 WinCC 项目管理器的浏览窗口中,右击“变量记录”。

● 从快捷菜单中选择“打开”菜单项。

使用 WinCC 的变量记录编辑器可对归档、需要组态的变量、采集时间定时器和归档周期进行组态。

第2步:组态定时器。

当单击“变量记录”编辑器左边浏览窗口中的“定时器”时,在此编辑器的右边数据窗口中将显示所有已组态的定时器。在默认情况下,系统提供了5个定时器:500 ms,1 s,1 min,1 h([小]时)和1天。

已组态的定时器可用于变量的采集和归档周期。

变量的采集周期是指过程变量被读取的时间间隔。

变量的归档周期是指过程变量被存储到归档数据库的时间间隔,是变量采集周期的数倍。

如果用户想使用一个不同于所有默认的定时器,这时可组态一个新的定时器。

按照下面的步骤操作,将建立一个 TenSeconds 定时器。

● 右击“定时器”。

● 从快捷菜单中选择“新建”菜单项。

● 在打开的“定时器属性”对话框中,输入 TenSeconds 作为此定时器的名称。

● 在“基准”的下拉式组合框中选择时间基准值为“1 秒”。

● 在“系数”编辑框中输入 10。最后结果如图 6.1 所示。

● 单击“确定”按钮,关闭对话框。

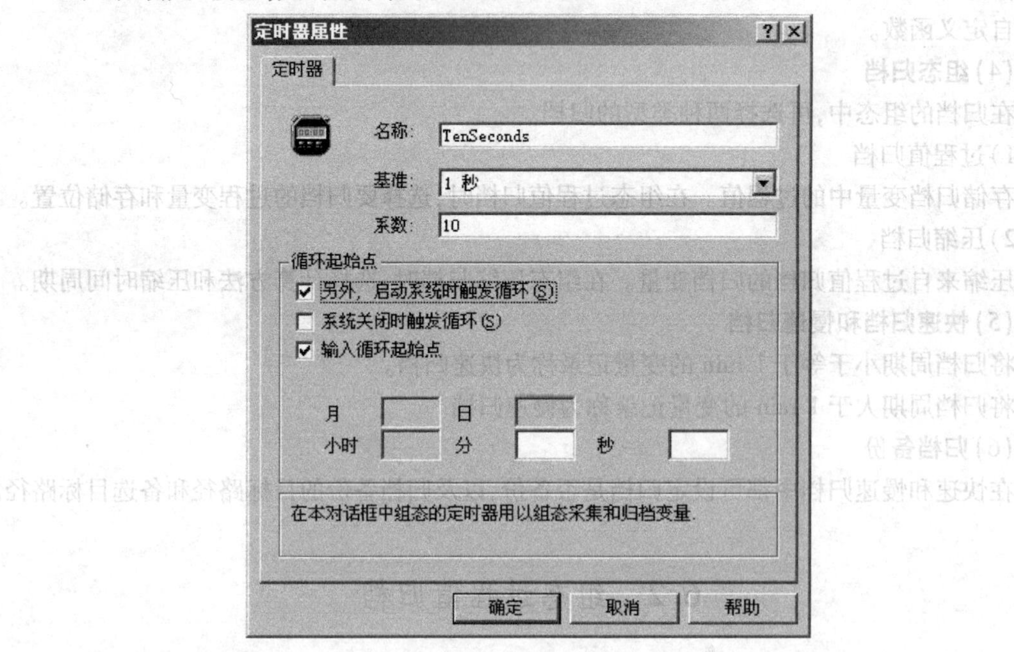

图 6.1 创建一个 TenSeconds 定时器

第3步:创建归档。

在“变量记录”编辑器中,使用归档向导来创建归档,并选择要归档的变量。

- 右击“变量记录”编辑器的浏览窗口中的“归档向导”。
- 从快捷菜单中选择“归档向导”菜单项。
- 在随后打开的第一个对话框中单击“下一步”。
- 在“创建归档:步骤1”对话框中输入SpeedAndTemp作为归档的名称,如图6.2所示。

图6.2　“创建归档:步骤1”对话框

- 选择“归档类型”中的“过程值归档”单选项。
- 单击“下一步”。
- 在“创建归档:步骤2”对话框中单击“选择”按钮,如图6.3所示。

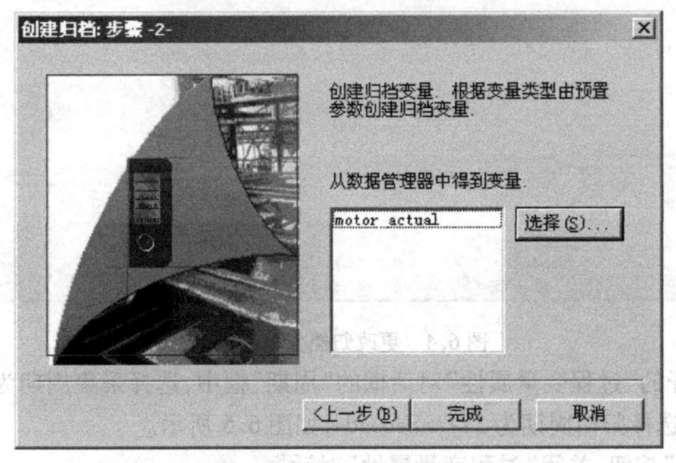

图6.3　添加要归档的变量

- 从打开“变量选择”对话框中选择变量motor_actual。单击“确定”按钮,关闭此对话框。
- 单击“完成”按钮。

在归档系统中生成了一个名为SpeedAndTemp的归档。此归档只包含对一个变量motor_actual1的归档。

第4步:在已组态的归档中添加另一个变量。

通过第3步在归档系统中生成了一个名为SpeedAndTemp的归档。此归档只包含对4个变量motor_actual进行归档。在这一步中再添加另一个变量。

- 在浏览窗口中选择“归档”,右边的数据窗口中显示所有已创建的归档名称。右击刚刚创建的归档 SpeedAndTemp。

● 从快捷菜单中选择"新建变量"菜单项。

● 在"变量选择"对话框中选择 oil_temp。单击"确定"按钮。

第 5 步:归档设置。

通过归档向导生成的归档和归档变量的参数都是按照一些默认值进行设置的,如需要可更改部分设置。

● 在变量记录编辑器的表格窗口中,右击要更改设置的变量,如 motor_actual。

● 从快捷菜单中选择"属性"菜单项,如图 6.4 所示。

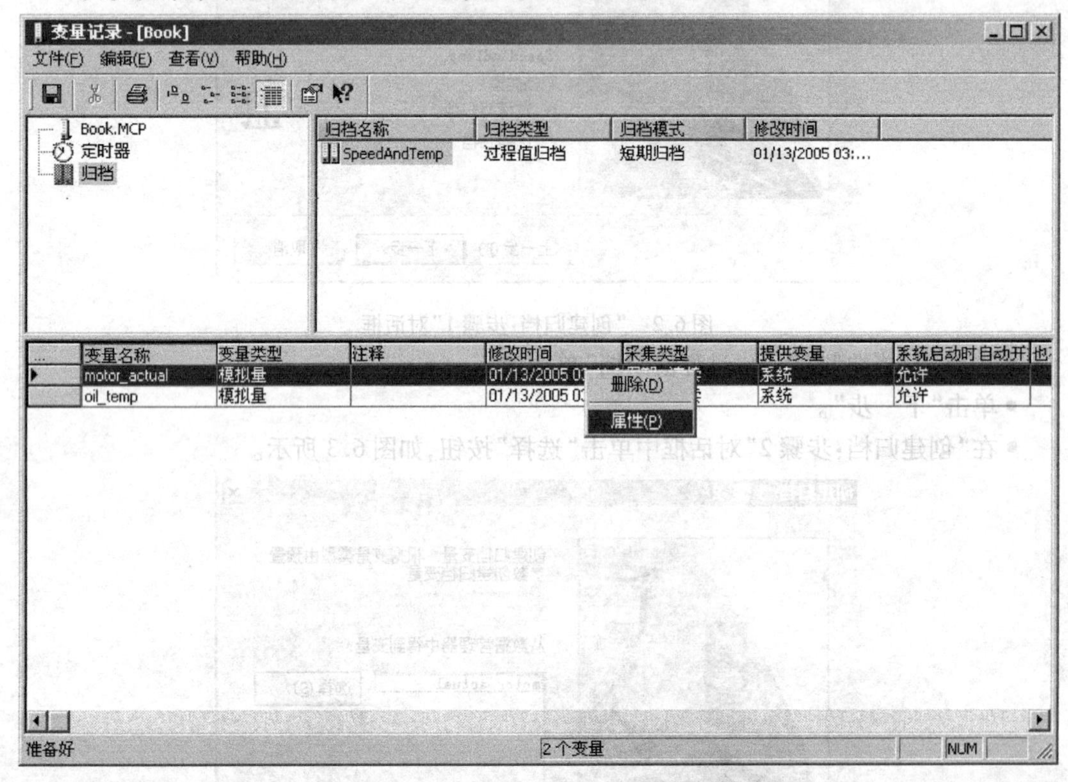

图 6.4　更改归档变量的设置

● 在随后打开的"过程变量属性"对话框的"周期"框中,选择采集周期为第 1 步建立的定时器 TenSeconds,选择归档周期为 1xTenSeconds,如图 6.5 所示。

● 单击"确定"按钮,关闭"过程变量属性"对话框。

● 选择变量 oil_temp,并重复这一步的选择采集周期和归档周期步骤,完成将 oil_temp 的采集周期和归档周期也设置成 TenSeconds。归档变量的值既可存储在硬盘上,也可存储在内存中。在本例中,将归档值存储在内存中。

● 双击数据窗口的归档 SpeedAndTemp,打开"过程值归档属性"对话框。

● 选择"存储位置"选项卡。

● 单击单选按钮"在主存储器中"。

● 更改记录编号的值为"50",表示在内存中归档缓冲区的大小为 50,如图 6.6 所示。

● 单击"确定"按钮,关闭对话框。

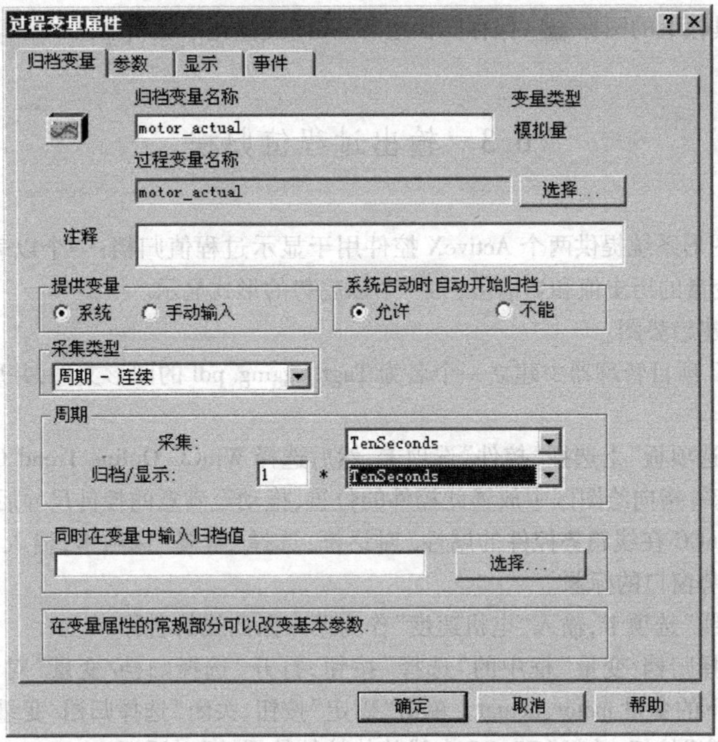

图 6.5　修改过程变量的采集周期和归档周期

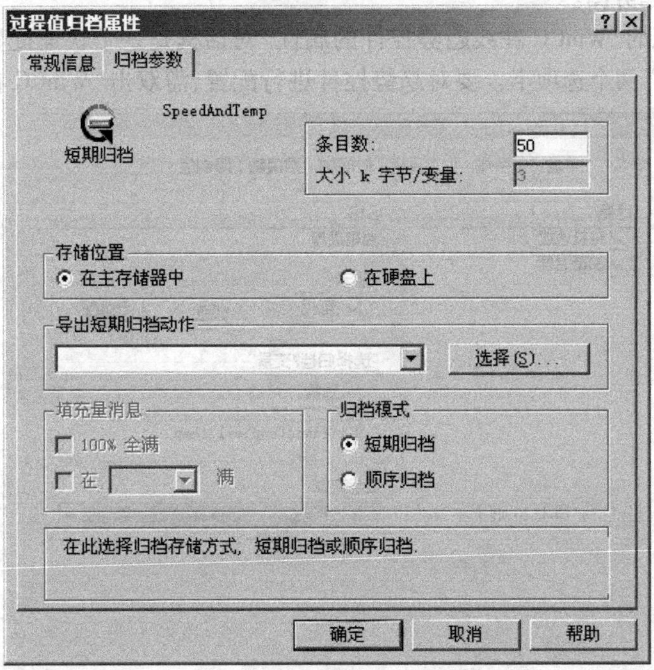

图 6.6　更改归档的存储位置

通过上述步骤，组态创建一个名为 SpeedAndTemp 的归档，归档存储在内存中。这个归档对两个变量 motor_actual 和 oil_temp 进行归档，它们的采集周期和归档周期都为 10 s。

• 单击工具栏上的图标 ,保存归档组态,关闭变量记录编辑器。

6.3 输出过程值归档

WinCC 的图形系统提供两个 ActiveX 控件用于显示过程值归档:一个以表格的形式显示已归档的过程变量的历史值和当前值;另一个以趋势的形式显示。

第 1 步:创建趋势图。

• 在 WinCC 项目管理器中建立一个名为 TagI. ogging. pdl 的图形文件,并用图形编辑器打开此图形文件。

• 在“对象选项板”上选择“控件”选项卡,然后选择 WinCC Online Trend Control 控件。

• 将鼠标指针指向绘图区中放置此控件的位置,拖动至满意的控件尺寸后释放。

• 打开“WinCC 在线趋势控件的属性”对话框,选择“常规”选项卡,输入“电机速度和油箱油温”作为趋势窗口的标题。

• 选择“曲线”选项卡,输入“电机速度”作为第一条曲线的名称。

• 单击“选择归档/变量”框中的“选择”按钮,打开“选择归档/变量”对话框,选择归档 SpeedAndTemp 下的变量 motor_actual。单击“确定”按钮,关闭“选择归档/变量”对话框。

• 单击“确定”按钮,关闭“WinCC 在线趋势控件的属性”对话框。

第 2 步:设置趋势图。

在第 1 步出现的“WinCC 在线趋势控件的属性”对话框是一个快速配置对话框。它只包含“常规”和“曲线”两个选项卡。要对趋势控件进行配置,需双击“WinCC 在线趋势控件”,打

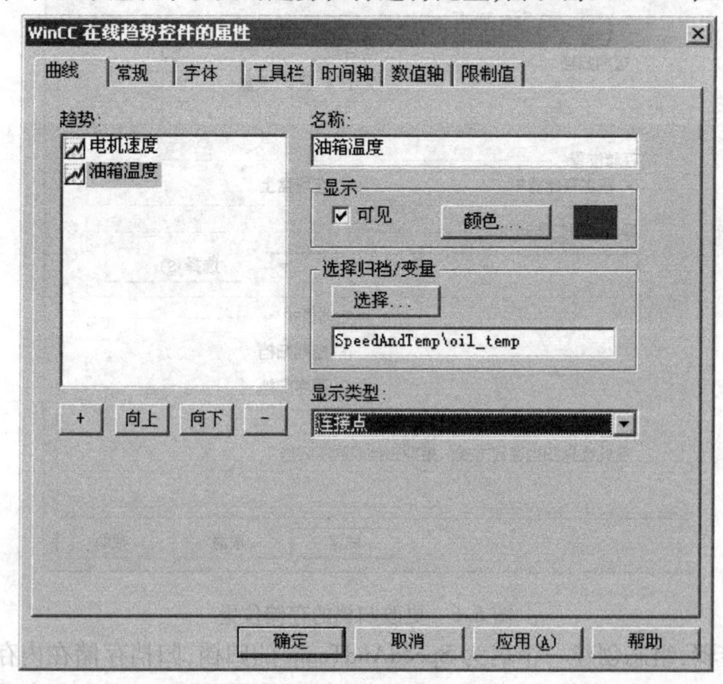

图 6.7　增加曲线

开如图6.7所示的属性对话框。

• 双击绘图区中的WinCC OnlineTrend Control对象,打开完整的"WinCC在线趋势控件的属性"对话框。

• 选择"曲线"选项卡上的+按钮,增加另一条曲线。

• 选择刚刚建立的曲线"趋势2",将名称改为"油箱油温"。

• 按第一步中的步骤,打开"选择归档/变量"对话框,从中选择变量oil_temp。

• 选择"常规"选项卡,在"显示"栏上选中"公共X轴"和"公共Y轴"复选框。

• 选择"时间轴"选项卡,将"显示"栏的时间格式改为hh:mm:ss,将"选择时间"栏上的"系数"改为10,"范围"改为"1分",如图6.8所示。

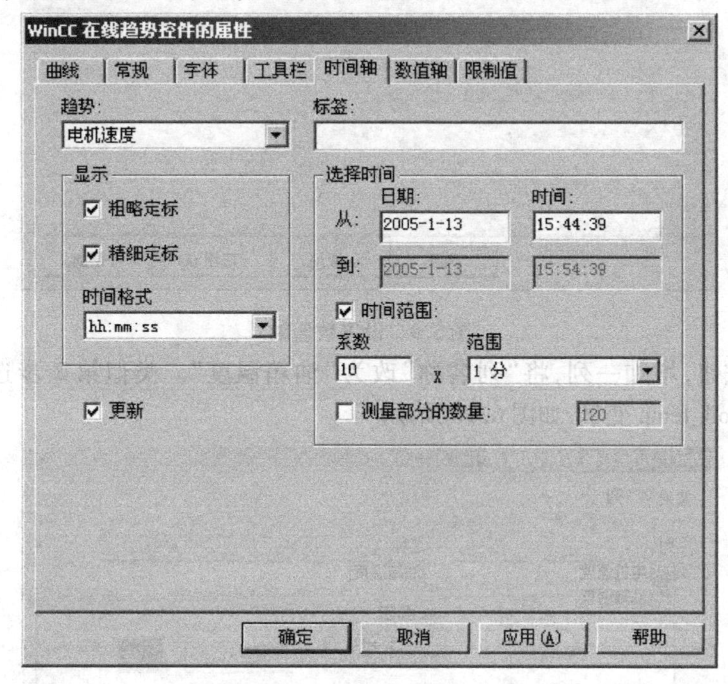

图6.8　设置时间轴

• 选择"数值轴"选项卡,将"粗略定标"的值改为10,将"精细定标"的值改为5,将"小数位"的值改为0,"范围选择"栏下的"自动"复选框为"不选",并将值改为0~100,如图6.9所示。

• 单击"确定"按钮,完成趋势控件的设置。

第3步:建大表格窗口。

WinCC也可以以表格的形式显示已归档变量的历史值。

• 在"对象选项板"上选择"控件"选项卡,然后选择WinCC Online Table Control控件。

• 将鼠标指针指向绘图区中放置此控件的位置,拖动至满意的控件尺寸后释放。

• 打开"WinCC在线表格控件的属性"对话框,选择"常规"选项卡,输入"电机速度和油箱油温"作为表格窗口的标题,并选中"显示"栏上的"公共时间列"复选框。

• 选择"列"选项卡,将"列"改为"电机速度"。单击"选择归档/变量"栏中的"选择"按钮,打开"选择归档/变量"对话框,选择归档Speed And Temp下的变量motor_actual。单击"确定"按钮,关闭"选择归档/变量"对话框。

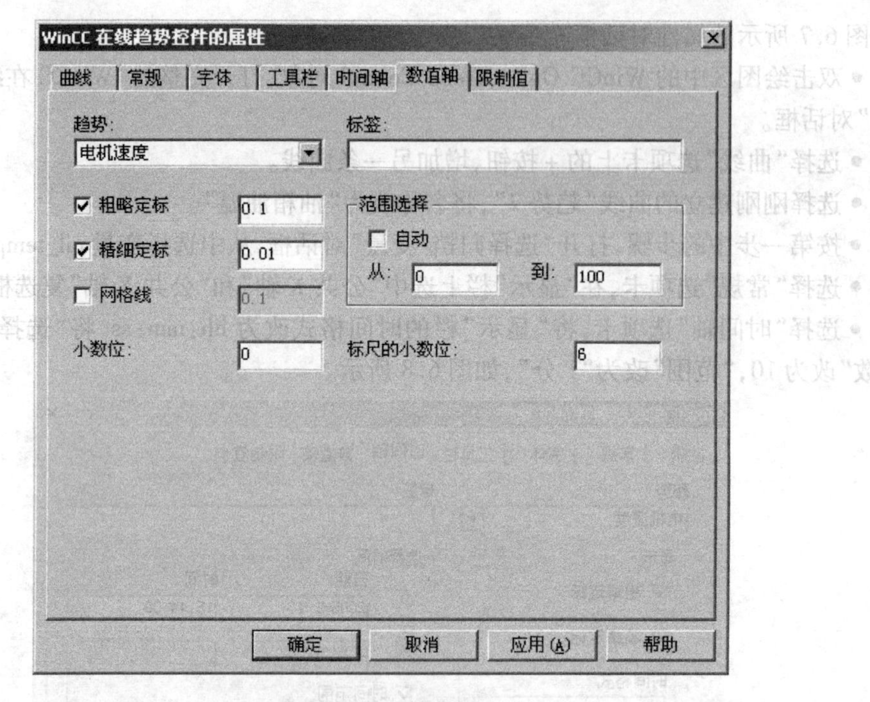

图 6.9　设置数值轴

• 单击 + 按钮,增加一列,将"列名称"改为"油箱温度"。类似第 2 步选择 Speed And Temp 归档下的 oil_temp 变量,如图 6.10 所示。

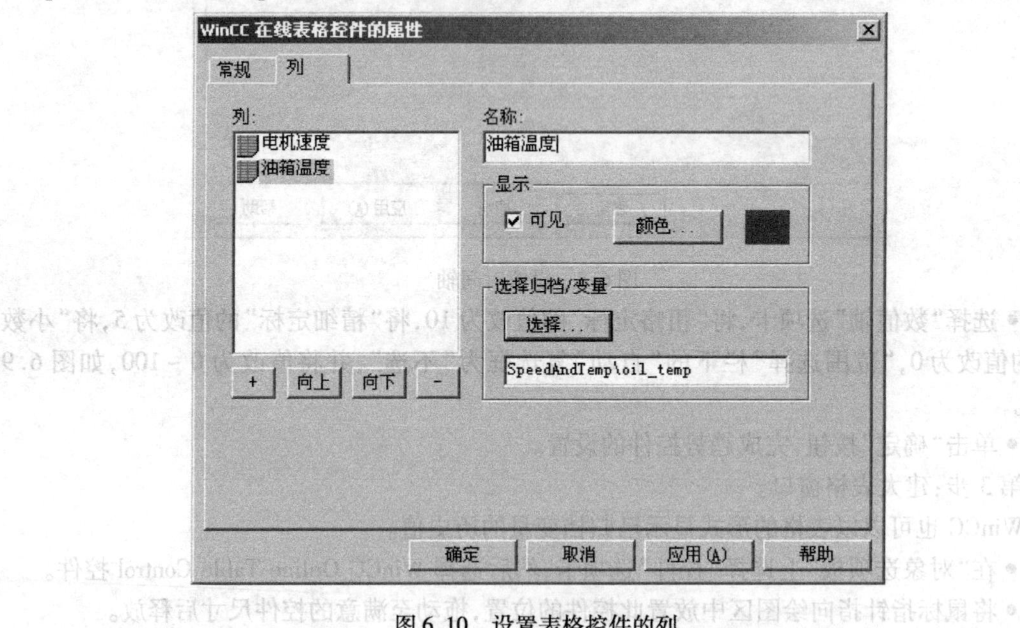

图 6.10　设置表格控件的列

• 单击"确定"按钮,关闭"WinCC 在线表格控件的属性"对话框。

第 4 步:设置表格控件。

• 双击绘图区中的 WinCC Online Table Control 对象,打开"WinCC 在线表格控件的属性"对话框。

• 选择“列”(最后一个)选项卡，将“时间显示”栏上的“格式”列表框中的值改为 hh:mm:ss，将“数值显示”栏上的“小数位”文本框值改为0。在“选择时间”栏中，选中“时间范围”复选框，将“系数”改为10，“范围”改为“1 分”，设置如图6.11所示。

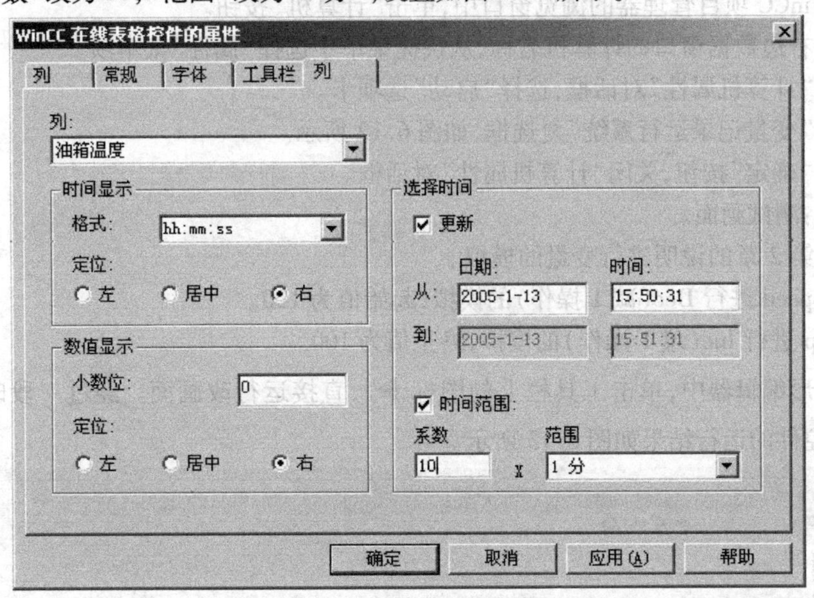

图6.11　设置时间列属性

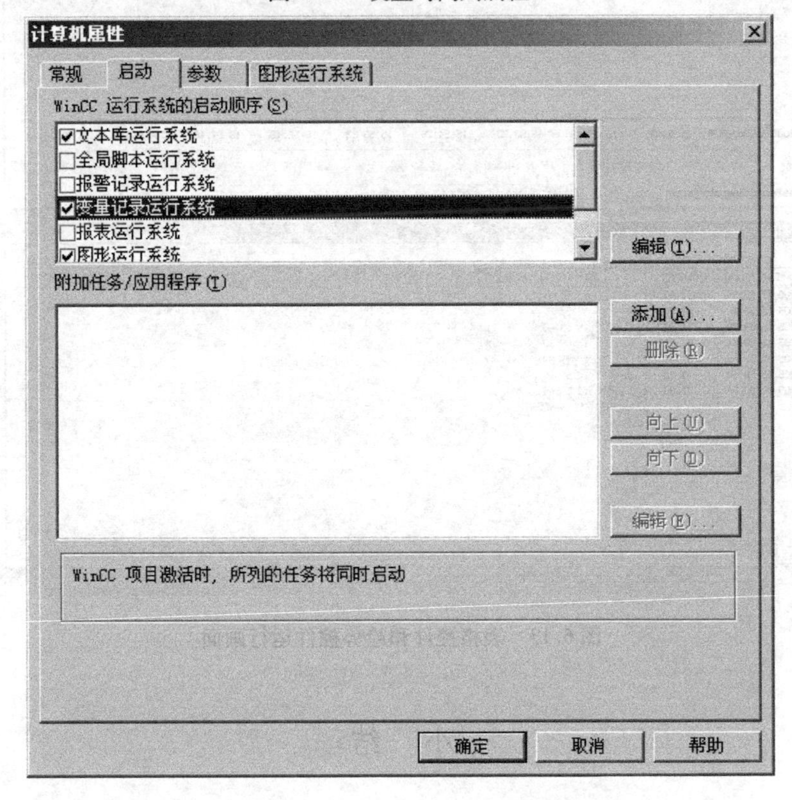

图6.12　激活“变量记录运行系统”

• 单击“确定”按钮，完成设置表格控件。

- 单击图形编辑器工具栏上的 按钮,保存当前画面。

第 5 步:设置运行系统加载变量记录运行系统。

- 在 WinCC 项目管理器的浏览窗口中,单击“计算机”按钮。
- 右击右边数据窗口的计算机名称,从快捷菜单中选择“属性”菜单项。
- 打开“计算机属性”对话框,选择“启动”选项卡。
- 激活“变量记录运行系统”复选框,如图 6.12 所示。
- 单击“确定”按钮,关闭“计算机属性”对话框。

第 6 步:测试画面。

- 按照第 2 章的说明进行变量的模拟。

motor_speed 进行 Dec(减 1 操作)的模拟,起始值为 100。

oil_temp 进行 Inc(增 1 操作)的模拟,终止值为 100。

- 在图形编辑器中,单击工具栏上的图标 ▶ ,直接运行改画面。经过一段时间的延时后,这两个控件的运行结果如图 6.13 所示。

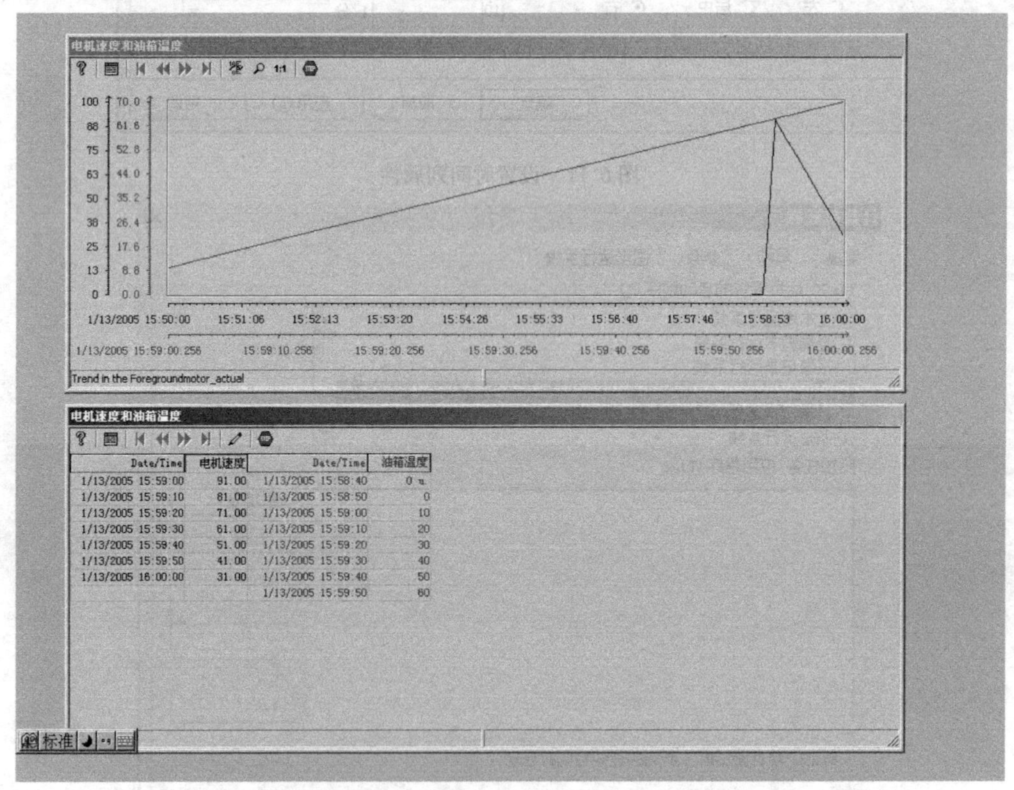

Date/Time	电机速度	Date/Time	油箱温度
1/13/2005 15:59:00	91.00	1/13/2005 15:58:40	0 u
1/13/2005 15:59:10	81.00	1/13/2005 15:58:50	0
1/13/2005 15:59:20	71.00	1/13/2005 15:59:00	10
1/13/2005 15:59:30	61.00	1/13/2005 15:59:10	20
1/13/2005 15:59:40	51.00	1/13/2005 15:59:20	30
1/13/2005 15:59:50	41.00	1/13/2005 15:59:30	40
1/13/2005 16:00:00	31.00	1/13/2005 15:59:40	50
		1/13/2005 15:59:50	60

图 6.13　表格控件和趋势控件运行画面

小　结

本章主要介绍 WinCC 的变量记录编辑器。通过本章的学习,要求掌握:使用变量记录编辑器来对变量进行存档;使用趋势图来显示变量的情况;使用列表来显示变量的情况。

习　题

1. 请描述如何使用变量记录编辑器来组态变量的存档。
2. 请描述如何使用趋势图在图形编辑器中进行组态。
3. 请描述如何使用变量列表在图形编辑器中进行组态。

第 7 章 消息系统

在 WinCC 中,报警记录编辑器负责消息的采集和归档,包括过程、预加工、表达式、确认及归档等消息的采集功能。消息系统给操作员提供了关于操作状态和过程故障状态的信息。它们将每一临界状态提早通知操作员,并帮助消除空闲时间。在组态期间,可对过程中应触发消息的事件进行定义。这个事件可以是设置自动化系统中的某个特定位,也可以是过程值超出预定义的限制值。系统可用画面和声音的形式报告记录消息事件,还可用电子和书面的形式归档。报警可以通知操作员在生产过程中发生的故障和错误消息,用于及早警告临界状态,并避免停机或缩短停机时间。

7.1 组态报警

7.1.1 报警记录的内容和功能

报警记录分两个组件:组态系统和运行系统。

报警记录的组态系统为报警记录编辑器。报警记录定义显示何种报警、报警的内容、报警的时间。使用报警记录组态系统可对报警消息进行组态,以便将其以期望的形式显示在运行系统中。报警记录的运行系统主要负责过程值的监控、控制报警输出、管理报警确认。

(1)报警的消息块

在运行系统中将以表格的形式显示消息的各种信息内容,这些信息内容被称为消息块。应预先在消息组态系统中进行组态,消息块分为 3 个区域。

1)系统块

它包括由报警记录提供的系统数据。默认情况下的系统消息块中包含消息记录的日期、时间和本消息的 ID 号。系统还提供了其他一些系统消息块,可根据需要进行添加。

2)过程值块

当某个报警到来时,记录当前时刻的过程值,最多可记录 10 个过程值。

3)用户文本块

提供常规消息和综合消息的文本。

(2)消息类型

在 WinCC 中,可将消息分为16个类别,每个消息类别下还可定义16种消息类型。系统预定义了3个消息类别。消息类别和消息类型用于划分消息的级别,一般可按照消息的严重程度进行划分。

(3)报警的归档

在报警记录编辑器中,可组态消息的短期和长期归档。

短期归档用于在出现电源故障之后,将所组态的消息数重新装载到消息窗口。短期归档中只须设立一个参数,即消息的条目数。它指的是一旦发生了断电等需要重新加载时,应考虑从长期归档中加载最近产生的消息数,最多可设置10 000条。

消息的归档可利用消息的长期归档来完成。长期归档可设置归档尺寸,包括所有分段的最大尺寸和单个归档尺寸,还可设置归档的时间。此外,当归档达到设定尺寸时,还可设置归档备份的存储路径。

7.1.2 组态报警的步骤

下面是组态报警的步骤。

第1步:打开报警记录编辑器。

- 在 WinCC 项目管理器左边的浏览窗口中,右击"报警记录"组件。
- 从快捷菜单中选择"打开"菜单项。

第2步:启动报警记录的系统向导。

系统向导可以自动地生成报警,简化了建立报警系统的方法。

- 单击报警记录编辑器的主菜单"文件"→"选择向导",也可直接单击工具栏上的 按钮,启动报警的系统向导。

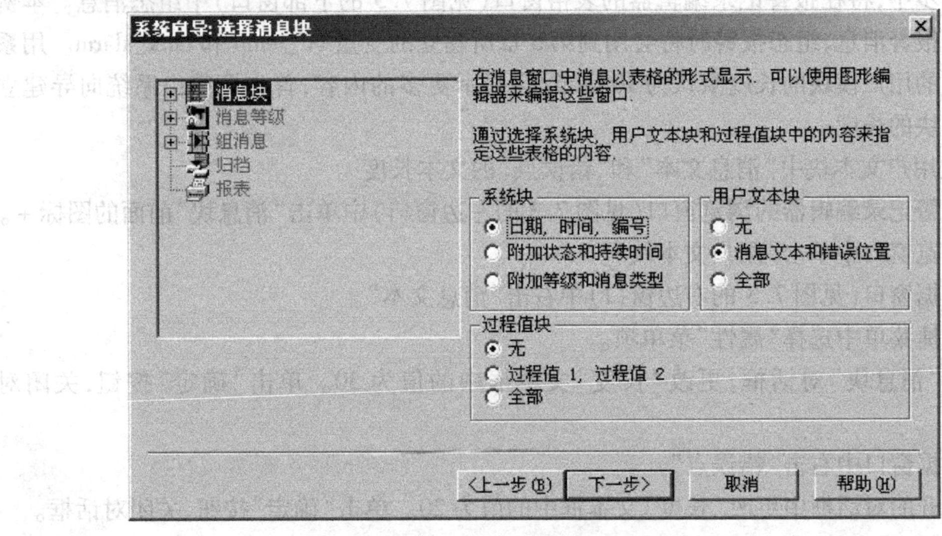

图7.1 选择报警的消息块

- 打开"选择向导"对话框,双击"系统向导"。

• 打开“系统向导”对话框，单击“下一步”。

• 在“系统向导:选择消息块”对话框中，选中“系统块”中的“日期，时间，编号”，选中“用户文本块”中的“消息文本和错误位置”，对于“过程值块”选中“无”，如图 7.1 所示。选择完毕，单击“下一步”。

• 打开“系统向导:预设定等级”对话框，选中“等级错误带有报警，故障和警告(到来确认)”的类别错误，如图 7.2 所示，单击“下一步”。

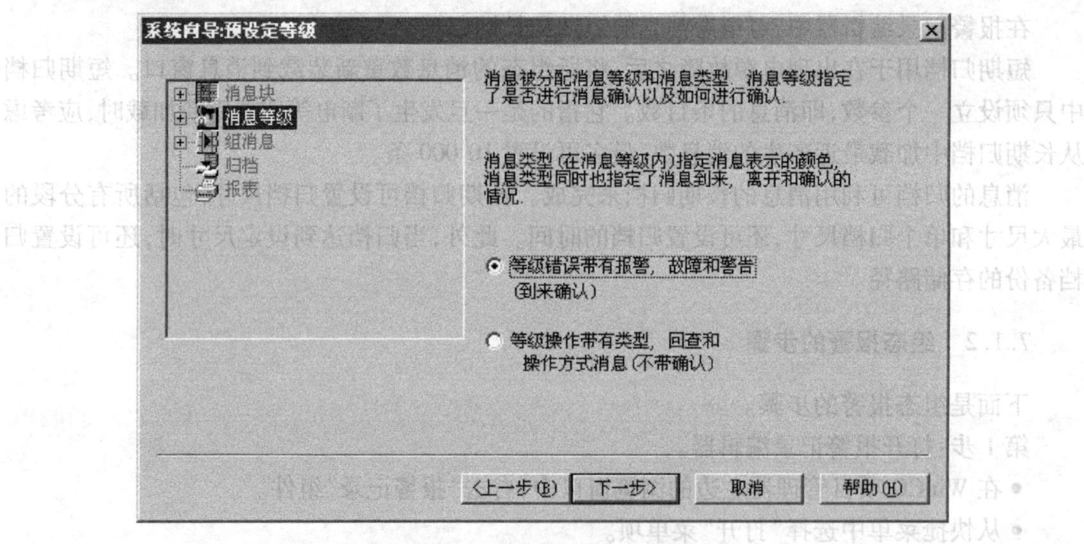

图 7.2　选择消息类别和类型

• 最后出现的一个对话框是对前面所做选择的描述，如果想做修改可单击“返回”按钮；否则单击“完成”按钮。

第 3 步:组态报警消息和报警消息文本。

在这一步中，将在报警记录编辑器的表格窗口(见图 7.3 的下部窗口)中组态消息。本例中建立 3 个报警消息，组态报警时将会用到第 6 章所建立的变量 oil_temp 和 tank_alarm。用系统向导建立的用户模块的长度默认为 10 字节，为显示更多的内容，首先调整由系统向导建立的用户文本块的长度。

1)更改用户文本块中“消息文本”和“错误点”的文本长度

• 在报警记录编辑器的浏览窗口(见图 7.3 的左边窗口)中单击“消息块”前面的图标 +。

• 在浏览窗口中单击“用户文本块”。

• 在数据窗口(见图 7.3 的右边窗口)中右击“消息文本”。

• 从快捷菜单中选择“属性”菜单项。

• 打开“消息块”对话框，更改“长度”文本框中的值为 30。单击“确定”按钮，关闭对话框。

• 在数据窗口中右击“错误点”。

• 在打开的对话框中更改“长度”文本框中的值为 20。单击“确定”按钮，关闭对话框。

2)组态第一个报警消息

• 在表格窗口的第一行，双击“消息变量”列。

• 在打开的对话框中选择变量 tank_alarm，并单击“确定”按钮。

• 双击表格窗口第一行中的“消息位”列。

• 输入值0并回车。值0表示当变量 tank_alarm 从右边算起的第0位置位时，将触发这条报警。

• 点击表格窗口的水平滚动条直到“消息文本”出现在窗口中，双击第一行的“消息文本”列，输入文本内容为“高油位”。

• 双击第一行的“错误点”列，输入文本内容为“主油箱”。

3）组态第二个报警消息

• 在表格窗口的第一列，右击数字1。

• 从快捷菜单中选择“添加新行”菜单项。

• 双击第二行“消息变量”列，在打开的对话框中选择变量 tank_alarm，并单击“确定”按钮。

• 双击第二行的“消息位”列，输入值1。值1表示当变量 tank_alarm 从右边算起1位置位时，将触发这条报警。

• 双击第二行的“消息文本”列，输入文本内容为“低油位”。

• 双击第二行的“错误点”列，输入文本内容为“主油箱”。

4）组态第三个报警消息

重复组态第二个消息的步骤，在“消息变量”、“消息位”、“消息文本”和“错误点”列分别输入 tank_alarm、2、“油泵电机过载”和“1号油泵”。

组态消息后的结果如图7.3所示。

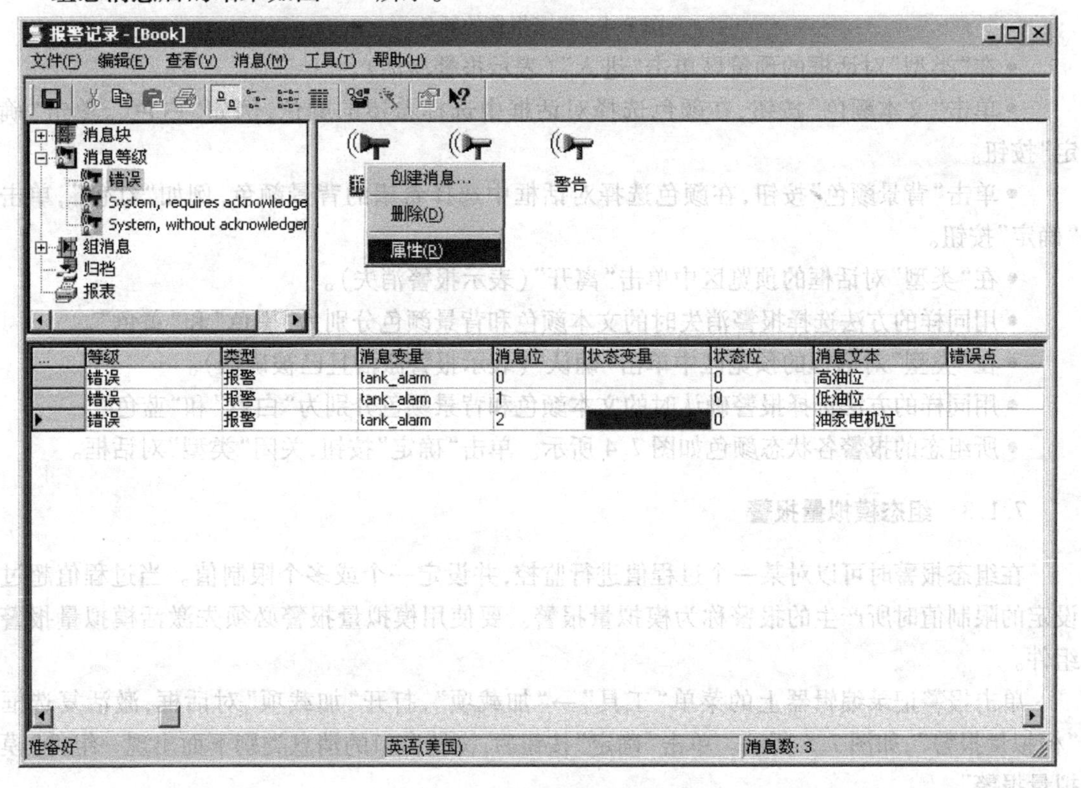

图7.3　组态报警消息

第4步:组态报警消息的颜色。

在运行系统中,不同类型消息的不同状态可以表示为不同的颜色,以便快速地识别出报警的类型和状态。

- 在浏览窗口中单击“消息类别”前的图标+。
- 单击消息类别“错误”,在数据窗口右击“报警”。
- 在快捷菜单中选择“属性”菜单项,如图7.3所示。在打开的“类型”对话框中将组态不同报警状态的文本颜色和背景颜色,如图7.4所示。

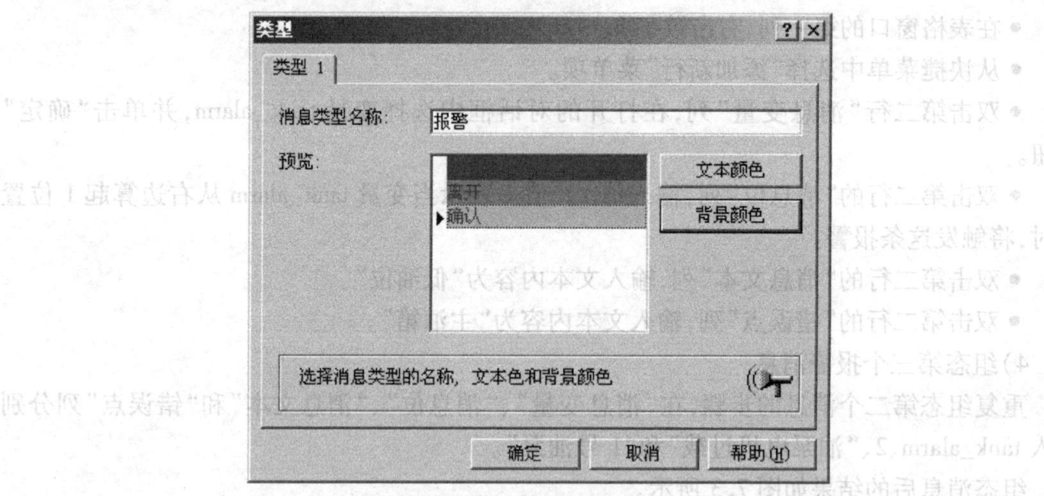

图7.4　组态报警的颜色

- 在“类型”对话框的预览区单击“进入”(表示报警激活)。
- 单击“文本颜色”按钮,在颜色选择对话框中选择希望的颜色,例如“白色”,单击“确定”按钮。
- 单击“背景颜色”按钮,在颜色选择对话框中选择希望的背景颜色,例如“红色”,单击“确定”按钮。
- 在“类型”对话框的预览区中单击“离开”(表示报警消失)。
- 用同样的方法选择报警消失时的文本颜色和背景颜色分别为“黑色”和“黄色”。
- 在“类型”对话框的预览区中单击“确认”(表示报警激活且已被确认)。
- 用同样的方法选择报警确认时的文本颜色和背景颜色分别为“白色”和“蓝色”。
- 所组态的报警各状态颜色如图7.4所示。单击“确定”按钮,关闭“类型”对话框。

7.1.3　组态模拟量报警

在组态报警时可以对某一个过程值进行监控,并设定一个或多个限制值。当过程值超过设定的限制值时所产生的报警称为模拟量报警。要使用模拟量报警必须先激活模拟量报警组件。

单击报警记录编辑器上的菜单“工具”→“加载项”,打开“加载项”对话框,激活复选框“模拟量报警”,如图7.5所示。单击“确定”按钮后,浏览窗口的消息类别下面出现一组件“模拟量报警”。

下面是组态模拟量报警的步骤。

第1步:组态变量的模拟量报警。

• 右击浏览窗口的"模拟量报警",从快捷菜单中选择"新建"菜单项。

• 打开"属性"对话框如图7.6所示,定义监控模拟量报警的变量和其他属性。如果激活复选框"一条消息对应所有限制值",则表示所有的限制值(不管是上限,还是下限)对应一个消息号。模拟量报警的延迟产生时间可在"延迟"栏中设置,外部过程的扰动有可能使过程值瞬间超过限制值,设置延迟时间将使这一部分的报警不会产生。

• 单击[...]按钮,从打开的对话框中选择要监控的模拟量报警变量,选择变量,单击"确定"按钮,关闭"变量选择"对话框。

• 单击"确定"按钮,关闭"属性"对话框。

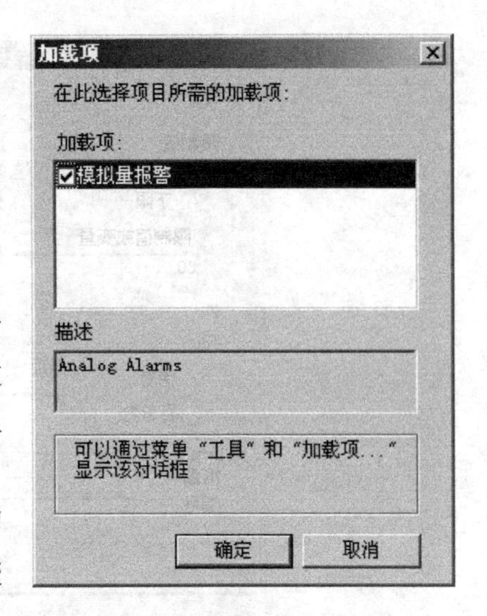

图7.5 添加模拟量报警组件

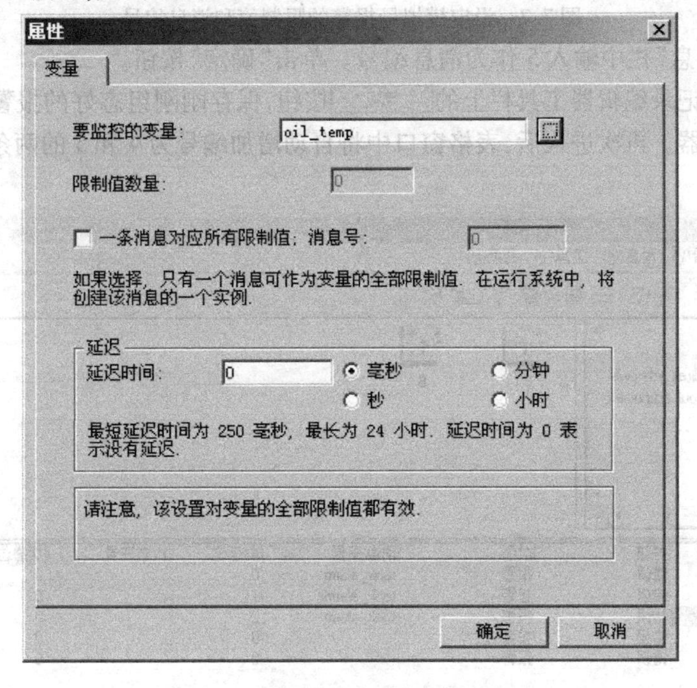

图7.6 设置要监控的模拟量报警变量

第2步:设定限制值。

• 右击刚刚建立的在浏览窗口中的变量oil_temp,从快捷菜单中选择"新建"菜单项。

• 打开"属性"对话框,选中单选按钮"上限",并输入60作为限制值,如需变化可选择"变量"按钮进行选择。在"死区"栏中选中"均有效",在"消息"栏中输入4作为消息编号,如图7.7所示。单击"确定"按钮。

• 再次右击刚刚建立的在浏览窗口中的变量oil_temp,从快捷菜单中选择"新建"菜单项。

• 打开"属性"对话框,选中单选按钮"下限",并输入5作为限制值,在"死区"栏中选中

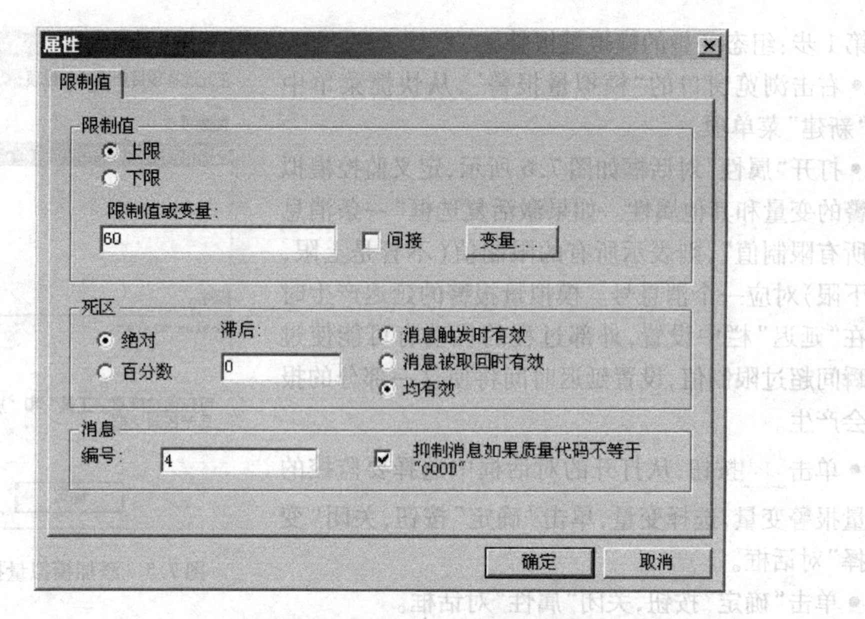

图7.7 设定模拟量报警的限制值和消息编号

"均有效",在"消息"栏中输入5作为消息编号。单击"确定"按钮。

● 单击报警记录编辑器工具栏上的 确定 按钮,保存刚刚组态好的报警。组态完后,退出报警记录编辑器。再次进入后,表格窗口中将自动增加编号为4和5的两条报警组态消息,如图7.8所示。

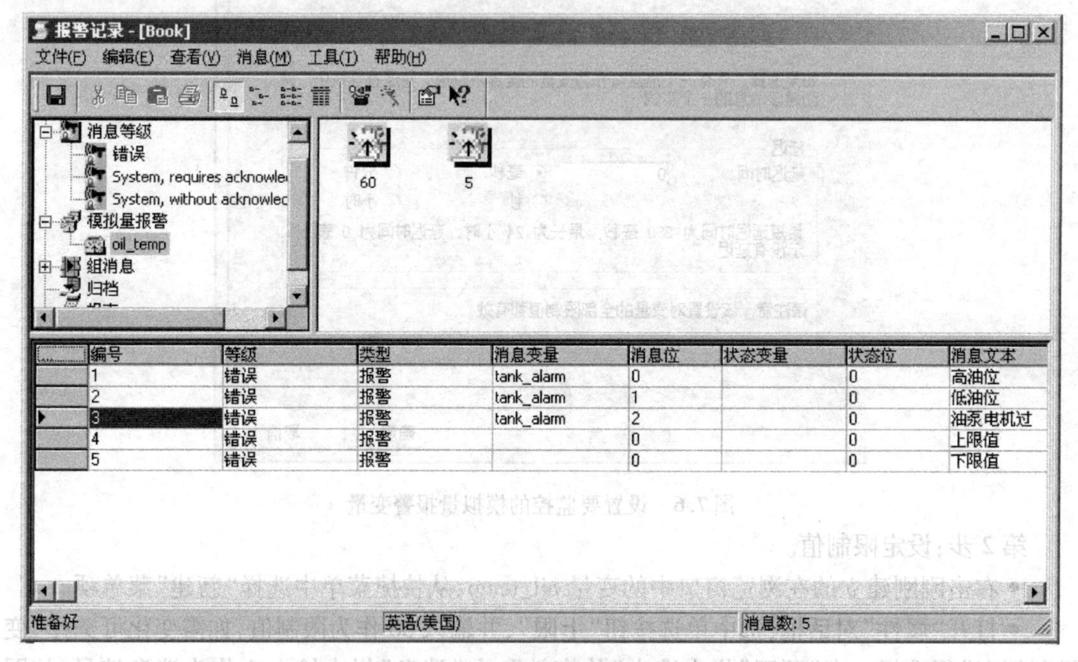

图7.8 组态好的模拟量报警

● 选择表格窗口中编号为4的报警行,在"消息文本"和"错误点"分别输入"高油温"和"主油箱";选择编号为5的报警行,在"消息文本"和"错误点"分别输入"低油温"和"主油箱"。

• 单击工具栏上的 按钮。至此，报警组态完毕。

7.2 报警显示

WinCC Alarm Control 作为显示消息事件的消息视图使用。通过使用报警控件，用户在组态时就可获得高度的灵活性，因为希望显示的消息视图、消息行和消息块均可在图形编辑器中进行组态。在 WinCC 运行系统中，报警事件将以表格的形式显示在画面中。

对于在运行系统中的显示，必须根据显示的消息使用报警记录数据。

下面是组态显示报警事件的步骤。

第1步：组态一个报警事件窗口。

• 打开图形编辑器，创建一个新画面并命名为 AlarmLogging. pdl。

• 在"对象选项板"上，选择"控件"选项卡上的 WinCC Alarm Control，如图 7.9 所示。

图 7.9 报警控件

• 将鼠标指针指向绘图区中放置此控件的位置，拖动至满意的控件尺寸后释放。

• 此时，在绘图区中除了增加了一个 WinCC Alarm Control 控件外，还打开一个"WinCC 报警控件属性"对话框，单击"确定"按钮，关闭对话框。

• 双击刚刚添加到绘图区中的 WinCC Alarm Control 控件，从打开的"WinCC 报警控件属性"对话框中选择"消息块"选项卡。

• 在"类型"栏中选择"用户文本块"，检查在窗口右边的"选择"列表框中是否已激活"消息文本"和"错误点"项，如果没有激活，则单击相应的复选框激活这两项。

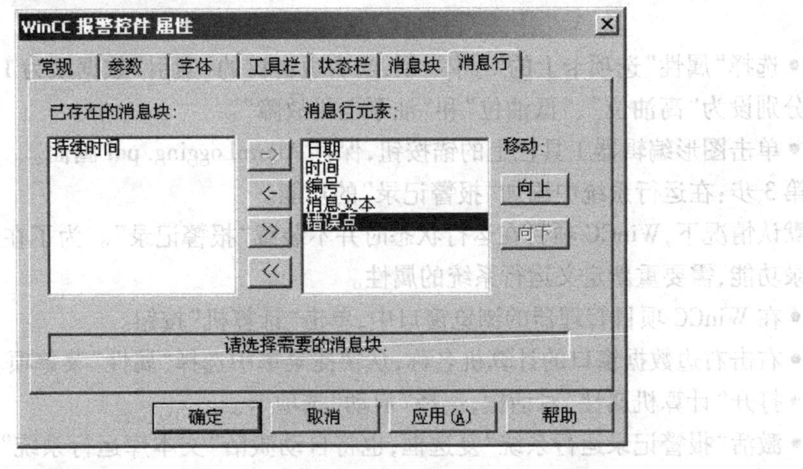

图 7.10 添加消息行元素

• 选择"消息行"选项卡，在"已存在的消息块"列表框中选择"消息文本"和"错误点"，并单击 -> 按钮将这两项传送到"消息行元素"列表框中，如图 7.10 所示。单击"确定"按钮，关闭“WinCC 报警控件属性”对话框。

第 2 步：组态一个用于测试输入/输出域和复选框。

• 在绘图区中添加一个“输入/输出域”，打开“I/O 域组态”对话框，在“变量”本框中选择 oil_temp，更新时间为“500 毫秒”。

• 选择“对象选项板”上的“标准”选项卡，展开“窗口对象”，将“复选框”添加到绘图区中。

• 右击刚刚添加的“复选框”对象，从快捷菜单中选择“属性”菜单项，打开“对象属性”对话框，选择“属性”选项卡，选择“输出/输入”项，在右边窗口的“选择框”行上，右击“动态”列，从快捷菜单中选择“变量”菜单项，打开“变量选择”对活框，选择变量 tank_alarm，关闭此对话框，如图 7.11 所示。右击“对象属性”对话框右边窗口的“当前”列，从快捷菜单中选择“500 毫秒”菜单项。

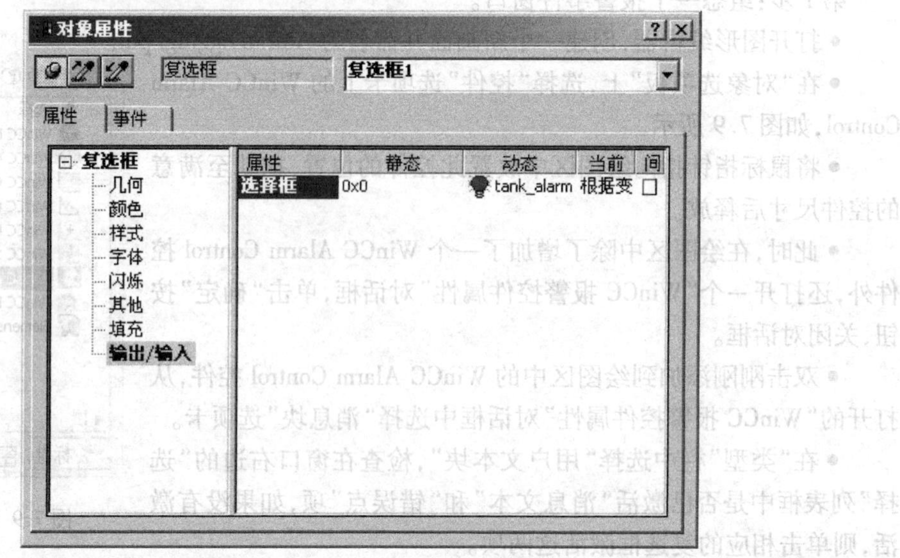

图 7.11　选择框对象的属性

• 选择“属性”选项卡上的“字体”项，当右边窗口的“索引”数据项为 1,2,3 时，“文本”项的值分别设为“高油位”、“低油位”和“油泵电机故障”。

• 单击图形编辑器工具栏上的锚按钮，保存 AlarmLogging. pdl 画面。

第 3 步：在运行系统中添加“报警记录”的功能。

默认情况下，WinCC 项目在运行状态时并不装载“报警记录”。为了在运行系统中使用报警记录功能，需要重新定义运行系统的属性。

• 在 WinCC 项目管理器的浏览窗口中，单击“计算机”按钮。

• 右击右边数据窗口的计算机名称，从快捷菜单中选择“属性”菜单项。

• 打开“计算机属性”对话框，选择“启动”选项卡。

• 激活“报警记录运行系统”复选框，也将自动激活“文本库运行系统”复选框，如图 7.12 所示。

• 单击“确定”按钮。

第 4 步：激活工程和测试报警事件。

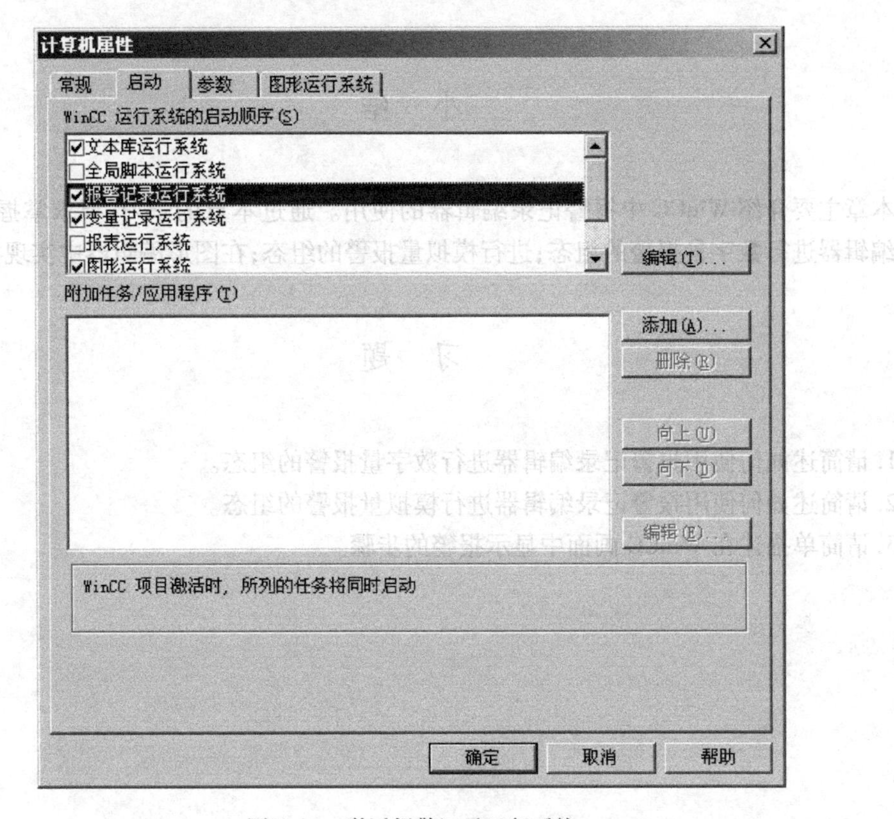

图 7.12　激活报警记录运行系统

- 单击图形编辑器工具栏上的 ▶ 按钮，激活工程。
- 在“输入/输出域”中输入一数值，单击复选框按钮，运行结果如图 7.13 所示。

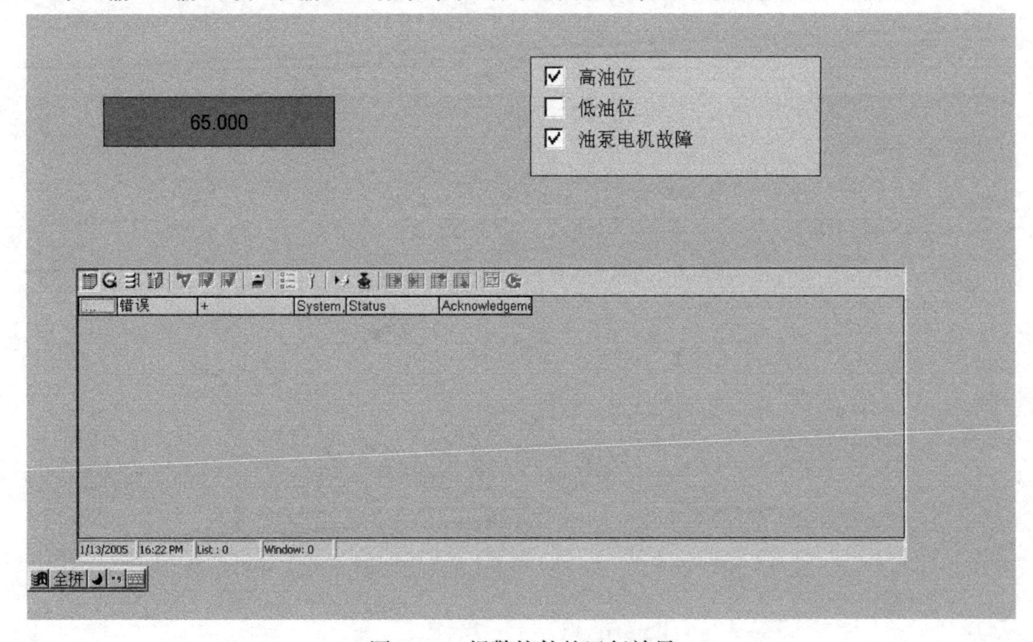

图 7.13　报警控件的运行效果

小　结

本章主要介绍 WinCC 中报警记录编辑器的使用。通过本章的学习，要求掌握：使用报警记录编辑器进行数字量报警的组态；进行模拟量报警的组态；在图形编辑器中实现报警显示。

习　题

1. 请简述如何使用报警记录编辑器进行数字量报警的组态。
2. 请简述如何使用报警记录编辑器进行模拟量报警的组态。
3. 请简单描述在 WinCC 画面中显示报警的步骤。

第8章 用户与安全

8.1 WinCC用户管理员编辑器

用户管理员编辑器用于组态当前WinCC项目中的用户账号和访问权限。它与WindowsNT的用户管理员系统是分开独立操作，只是界面是相似的。该编辑器有两种操作方式：组态方式和运行方式。组态方式允许生成用户组、用户和权限级。运行方式没有运行的图形界面，当WinCC应用进入运行状态时，它在后台运行。用户管理员编辑器运行方式的主要目的是管理每位用户的登录和退出，检查登录用的权限级。在WinCC控制中心右击UserAdministrator图标，打开编辑器进入组态方式（图8.1），允许用户生成用户组和用户以及为各用户组和用户生成并分配权限级。用户组是用户的逻辑组合，具有相似的访问需求。用户组可以和一些权限级相连，这些权限级是该组成员可以访问的最低权限。在每个WinCC项目中，最多可以生成10个用户组。每位用户有一个单独的账号，并分配一个用户ID（识别符）和口令（Password），以便在用户管理员编辑器运行时登录用。在每个WinCC项目中，用户最多可以生成999个独立的用户账号。权限级（Authorization Levels）分配有不同的权限，它们可以和用户组（Groups）及用户（Users）相连。然后，在图形设计器中，利用属性界面将这些权限级连接到对象上。它们也可以连到报警存档和变量存档运行应用的工具条的工具上。Authorization Levels（权限级）在实质上并没有等级差别，高序号级并不表明其用户具有访问其序号以下级的能力。预定义的权限级只是一些建议的权限级，并不具有任何固有的值或WinCC编辑器内预定义的功能。

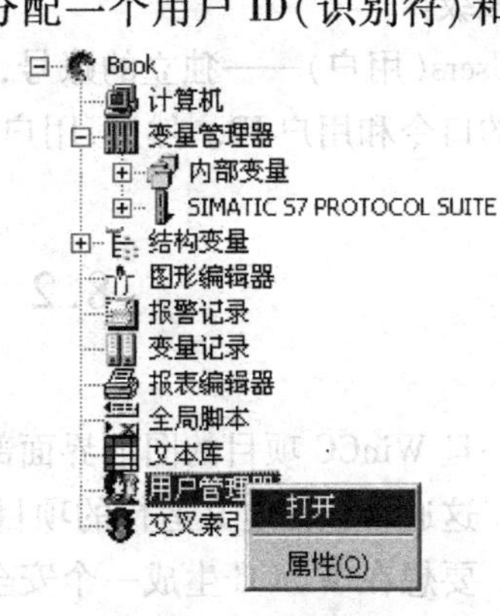

图8.1 在控制中心中打开用户管理员编辑器

用户管理员编辑器如图8.2所示。

Authorization levesl(权限级)——每个用户/组都可具有每个权限。然后,将这些权限分配到图形对象,报警和曲线工具以及 WinCC 其他需要安全保障的区域。这些权限级在实质上没有等级差别。在运行时能否访问某一对象或功能,取决于用户分配给该对象或功能的那个权限。

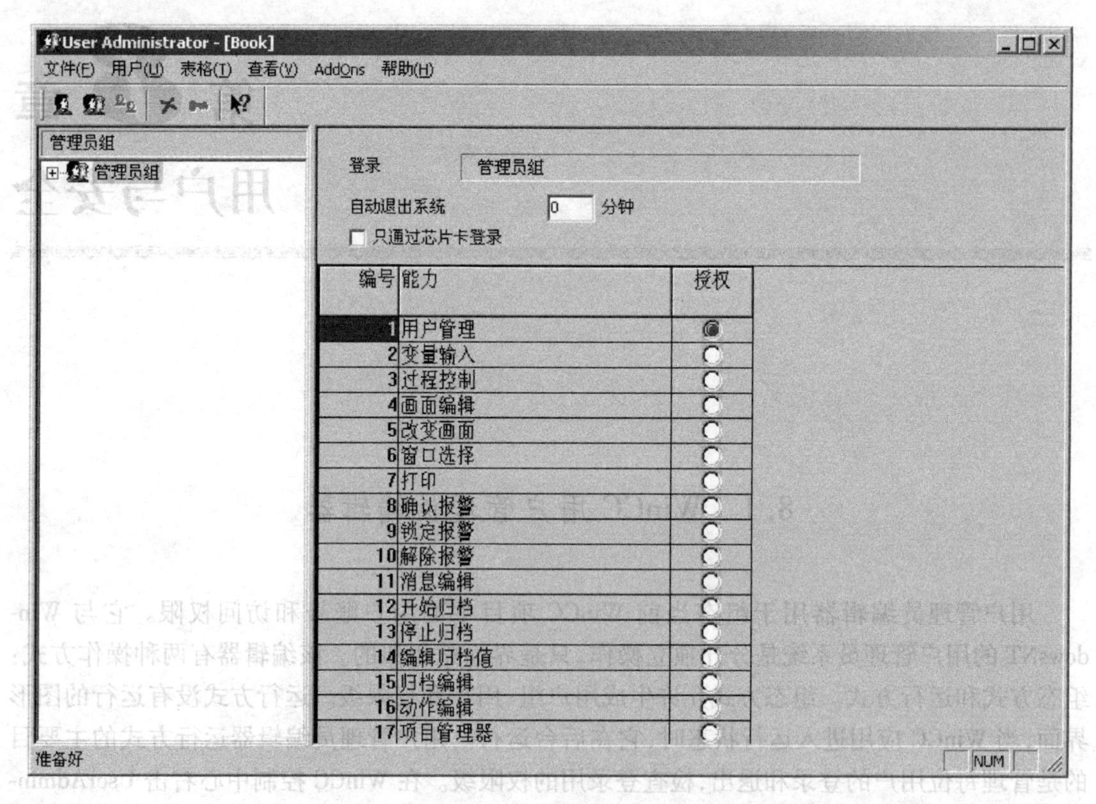

图 8.2 用户管理员编辑器

Groups(用户组)——具有相似安全性访问需求或权限级的用户的逻辑组合,一个用户组也可以生成并赋给访问的权限级。在用户组里加入新的用户可以继承该组所具有的相同的访问权限级。

Users(用户)——独立的账号,在 WinCC 用户管理员编辑器运行方式下,用它可登录预先组态的口令和用户 ID。然后,用户将可以访问其具有所要求的权限级的区域。

8.2 实现 WinCC 安全管理

一旦 WinCC 项目的图形界面部分已经完成,下一步通常是定义该项目应用运行时的安全策略。这通常包括定义运行的项目应用中哪些部分需要安全性保护,以及每个区域用什么权限级。要想在 WinCC 生成一个安全可靠的项目,应遵循下列步骤:

1)定义运行的项目应用中哪些区域需要安全性保护,包括图形控制、报警存档、曲线存档和用户管理。同时,也要定义有几类用户,他们在项目应用运行时需要访问哪些区域。

2)在用户管理员编辑器中生成权限级,它们将反映到第 1 步中定义的区域。

3)在WinCC用户管理员编辑器中生成用户组。它对应在第1步中分出的逻辑类别。将相应的权限级分给每个新生成的组。然后,在各组下生成新的用户,并允许它们继承在用户组生成时所连接的权限。

4)在每个编辑器的组态方式中,将权限级赋给需要安全保护的对象和功能。

5)在控制中心项目属性界面中,为登录(logon)和退出(logoff)功能分配热键。这些热键在WinCC运行状态允许用户登录和退出。

6)通过禁止一些Windows热键和窗口属性来组态运行环境以阻止访问WinCC组态模式和操作系统。

第1步:定义哪些区域需要安全性保护以及用户的主要分类。

HMI的不同应用和最终用户的要求通常影响安全性分级和操作人员的分类。为此,我们将为典型应用的基本操作分析一般的安全保护区和权限级。将为项目导航、用户管理、项目退出、报警和曲线功能设置安全保护,将生成的用户类别为例如:OPERATORS(操作员),ENGINEERS(工程师)和MANAGERS(管理人员)。

第2步:生成权限级。

考虑到在第1步中描述的分区,现在将用User Administrator(用户管理员)编辑器来确定或生成权限级,在我们的项目体系中建立安全性保护需要这些权限级。WinCC中已经包括了一些缺省的权限级,可是这些只是一些建议,并不具有固定的功能。表8.1中所示为用户管理员编辑器中缺省的权限级,以及WinCC建议的用途。

表8.1 WinCC建议的用户管理员编辑器中缺省的权限级

权限级名	建议用途
用户管理员	用户调用User Administrator(用户管理员)并进行改动用户管理
变量输入	用户可手动的向变量输入值
过程控制	用户可以控制手/自动之间的切换
画面编辑	用户可以用图形编辑器
切换画面	在运行方式下,用户可连接各组态的窗口
窗口选择	用户可以在WinCC中显示各组态的画面
硬拷贝	用户可以生成屏幕拷贝
报警确认	用户可以应答信息
锁住报警	用户可以锁住报警
释放报警	用户可以使用报警
项目报警	用户可以组态报警
存档开始	用户可以开始过程存档
停止存档	用户可以停止过程存档
编辑档案库值	用户可以修改档案库变量的值
项目档案库	用户可以组态变量存档编辑器
项目动作功能	用户可以组态全局脚本编辑器
项目管理器	用户可以组态控制中心

在用户管理员编辑器中缺省设置的权限级只是一些建议，它们本身并不具备什么意义，除非用户将它们使用在项目中。除了第1个 User Administration Level 以外，所有其他缺省的权限级都可以修改。要想知道如何使用这些缺省权限级的建议，请参看在Authorization level(权限级)下的用户管理员编辑器的帮助。在 Table(表)下拉式菜单中选择 Add newauthorization level(加入新权限级)生成新权限级，然后，输入新级的序号。按下 OK 后，用户可以输入该权限级的描述。只需点击描述区并输入文字(图8.3)。

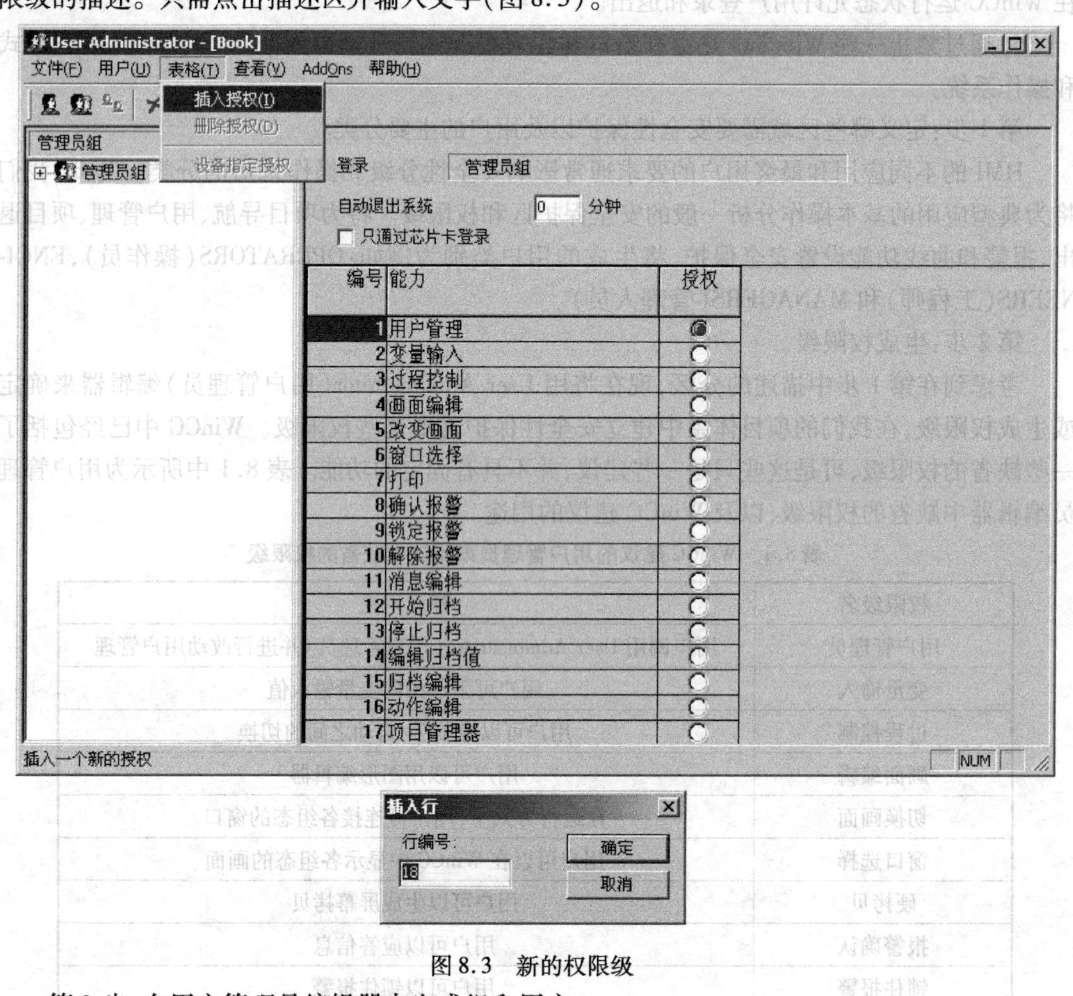

图8.3　新的权限级

第3步：在用户管理员编辑器中生成组和用户。

WinCC 有一个缺省的 Administratorgroup 组和1个缺省用户，Administrator(管理员)用户的缺省口令是 Administrator。如果在一个新项目中使用则应改变口令，以确保潜在的安全性。要想加入用户组，右击树结构的空白处，选择 Add group，然后，简单地输入你希望加入的组名。要在该组加入权限级，只需在树结构中点亮组名，双击右边所要的权限级的圆圈，直到圆圈变红为止。通过在树结构中加亮用户组，并右击，选择 add User 来加入用户。选择一个至少4个字符的 Login(用户 ID 标识符)并输入和校验一个至少6个字符的口令。复制用户组设置允许用户继承该用户组所连接的权限级。用户还可以给组里的用户设置属于用户的权限级(图8.4、图8.5)。

要想在组里和用户中连接权限级，先在树结构中点亮组名或用户名，然后双击所期望的权

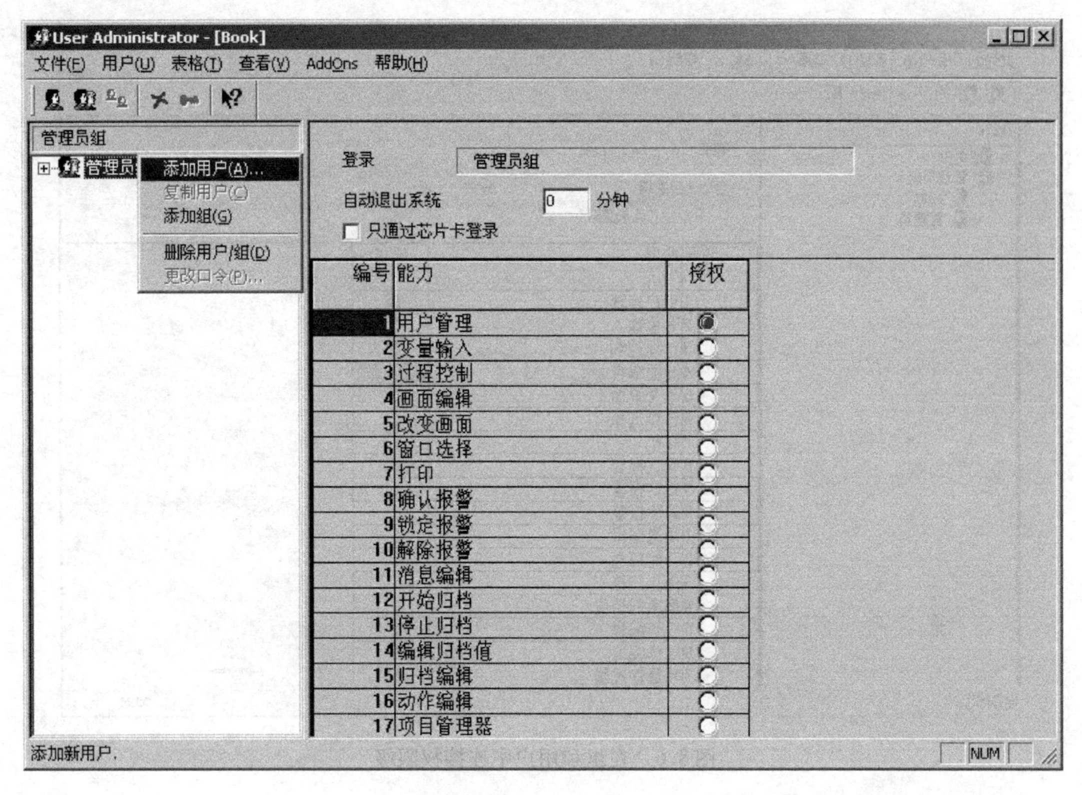

图 8.4　新建用户

限级，白色的圆圈表示没有访问，红色的圆圈表示用户可以访问该权限级（图 8.6）。自动退出（Automatic Logout）时间输入域允许用户管理员运行模式下一定时间不活动的用户自动退出。

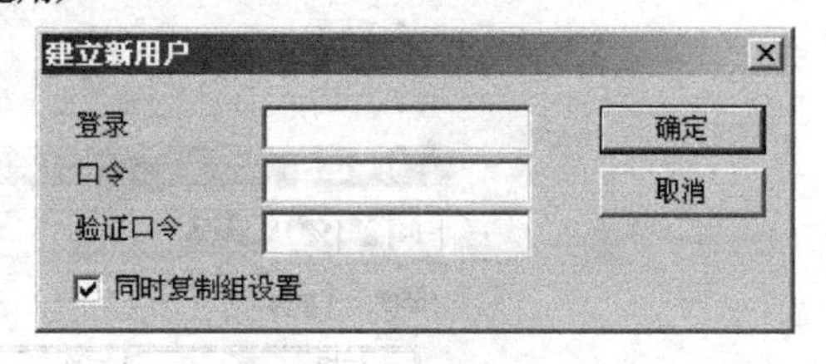

图 8.5　确认用户口令

第 4 步：权限级与应用元素相连。

下一步是将权限级与需要的安全保护的 WinCC 应用元素。这对于大多数图设计器对象以及在报警和变量存档运行应用中的工具都是可能的。权限级没有等级区别，有特定权限级访问的用户或用户组，并不意味着序号低的或其他权限级也能访问。当用户试图访问一个其不能访问的部件时，将出现一个不允许的信息框。

第 5 步：在控制中心中生成热键以允许登录（log on）和退出（log off）。

一旦权限级设置完毕，用户需要建立用户管理员运行时登录的方法。最方便的方法是在控制中心的项目属性对话框中使用热键。除了用热键调出对话框外，用户还可以用 C 脚本调出登录对话框。

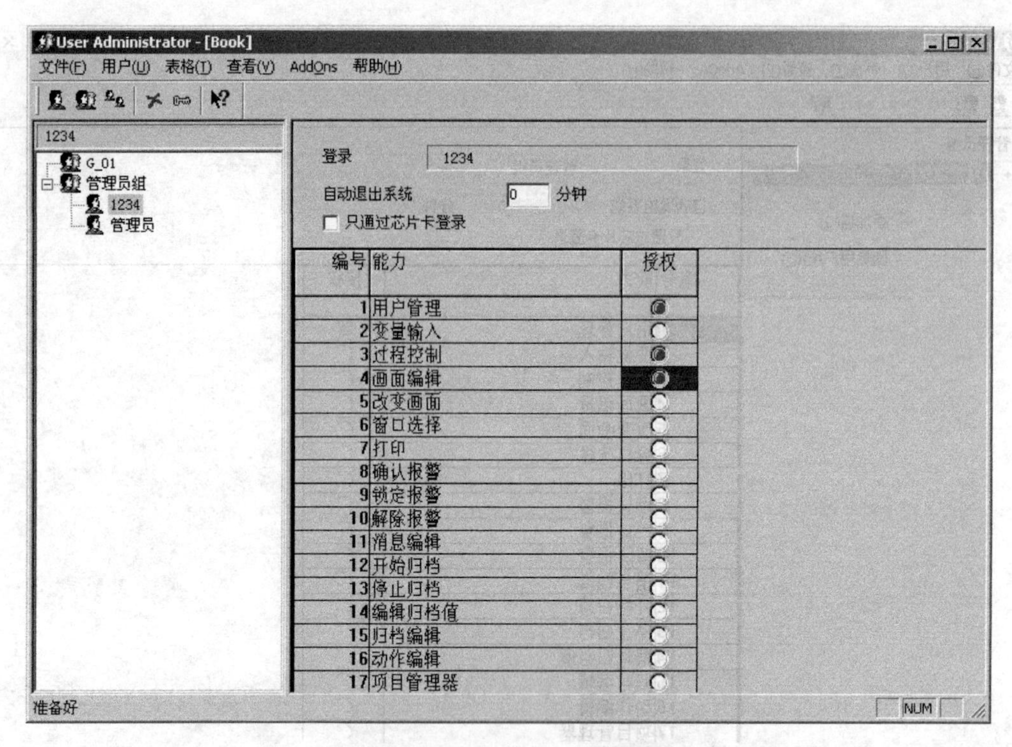

图 8.6 在组和用户中连接权限级

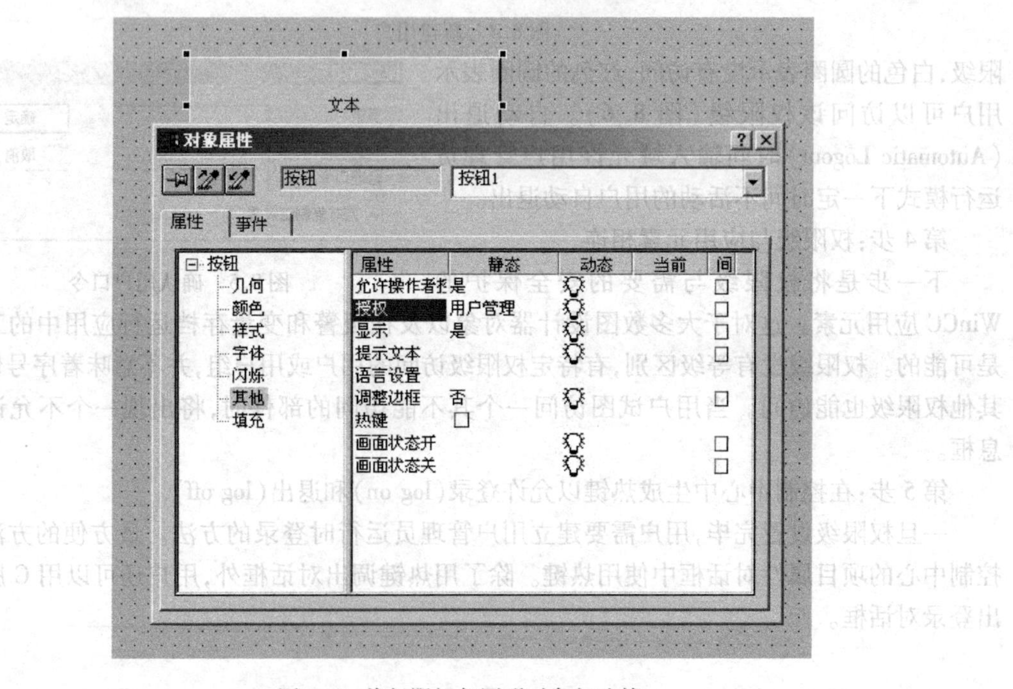

图 8.7 将权限级与图形对象相连接

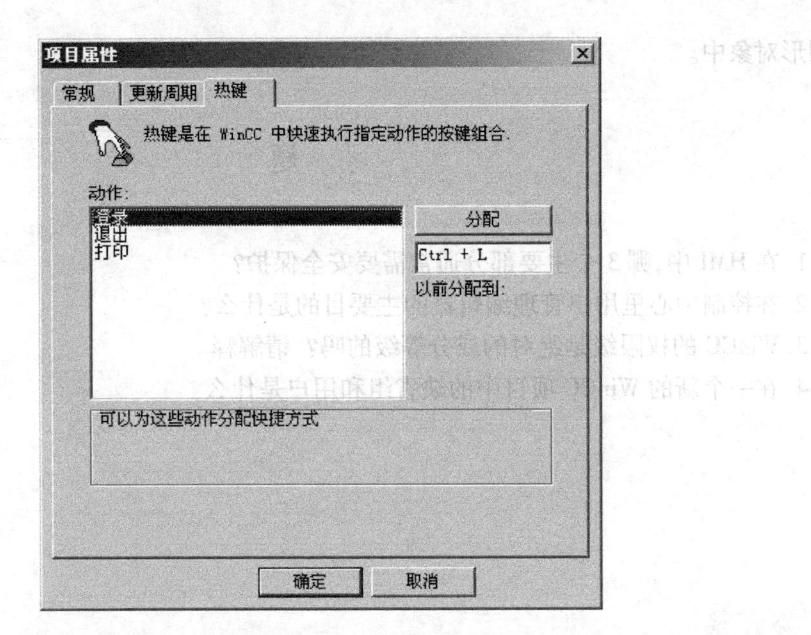

图 8.8 设置热键

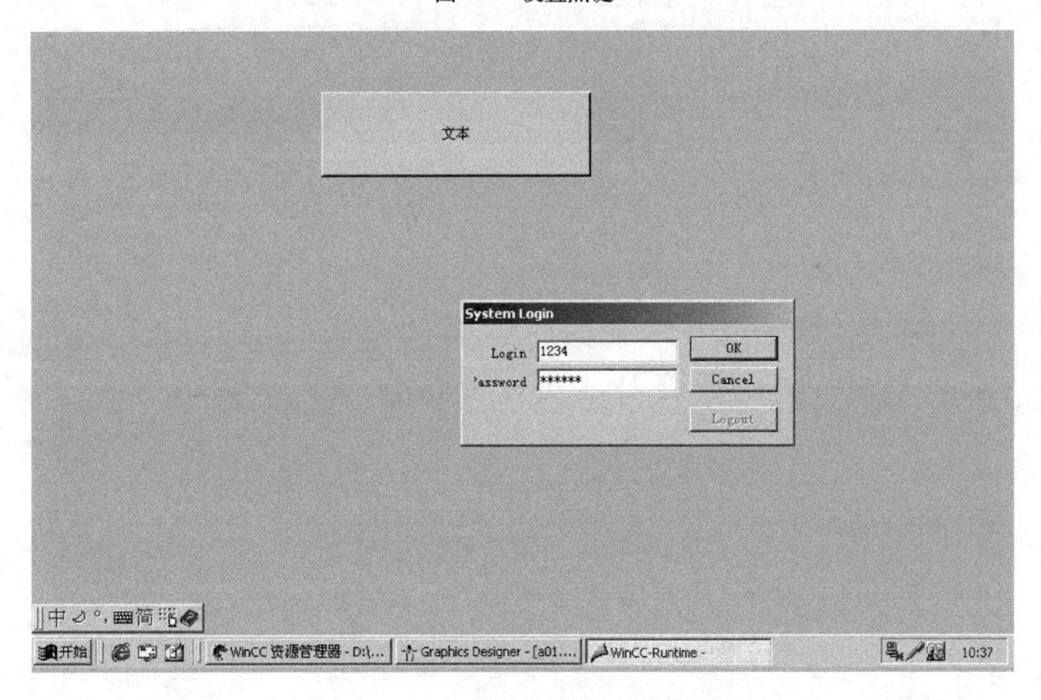

图 8.9 按下组合键用于调出登录对话框

小 结

本章主要介绍 WinCC 用户管理编辑器的使用。通过本章的学习,要求:了解 HMI 中安全性的基本范围;会在 WinCC 用户管理编辑器中建立组、用户和权限级;会将建立的权限级连接到图形对象中。

习 题

1. 在 HMI 中,哪 3 个主要部分通常需要安全保护?
2. 在控制中心里用户管理编辑器的主要目的是什么?
3. WinCC 的权限级是绝对的或分等级的吗?请解释。
4. 在一个新的 WinCC 项目中的缺省组和用户是什么?

第9章 组态王的基本应用

9.1 组态王5.0软件包的组成

"组态王5.0"是在流行的386,486,PentiumⅢ,PentiumⅣ等PC机上建立工业控制对象人机接口的一种智能软件包,它以Microsoft Windows95/ Windows98/ Windows NT中文操作系统作为其操作平台,充分利用了Windows图形功能完备,界面一致性好,易学易用的特点。它使采用PC机比以往使用专用机开发的工业控制系统更有通用性,大大减少了工控软件开发者的重复性工作,并可运用PC机丰富的软件资源进行二次开发。

"组态王5.0"软件包由工程管理器和画面运行系统TOUCHVEW两部分组成,其中,工程管理器内嵌画面开发系统。工程管理器和TOUCHVEW是各自独立的Windows应用程序,均可单独使用;两者又相互依存,在工程管理器的画面开发系统中设计开发的画面应用程序必须在TOUCHVEW运行环境中才能运行。

9.1.1 工程管理器

工程管理器是"组态王5.0"软件的核心部分和管理开发系统,它将画面制作系统中已设计的图形画面,命令语言,设备驱动程序管理,配方管理,数据报告等工程资源进行集中管理,并在一个窗口中以树形结构排列,这种功能与Windows操作系统中的资源管理器的功能相似。组态王5.0工程管理器的结构如图9.1所示:

工程管理器内嵌画面开发系统,进入画面开发系统的操作方法有以下3种:

1)单击菜单命令"工程\切换到Make",则进入组态王开发系统。

2)在工程管理器左边窗口用左键选中大纲项文件下的成员画面,则在工程管理器右边窗口显示"新建"图标和已有的画面文件图标,左键双击图标,则进入组态王开发系统。

3)在工程管理器左边窗口用左键选中大纲项文件下的成员画面,则在工程管理器右边窗口单击右键,弹出浮动式菜单如图9.2所示:

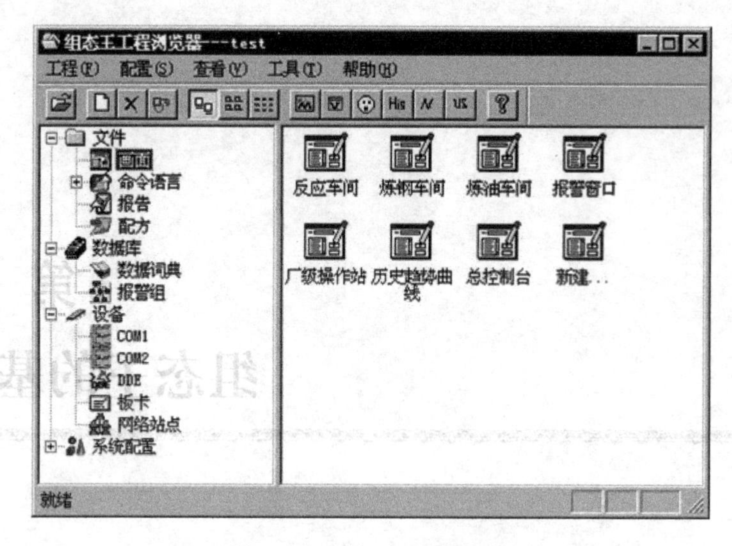

图 9.1 组态王工程管理器

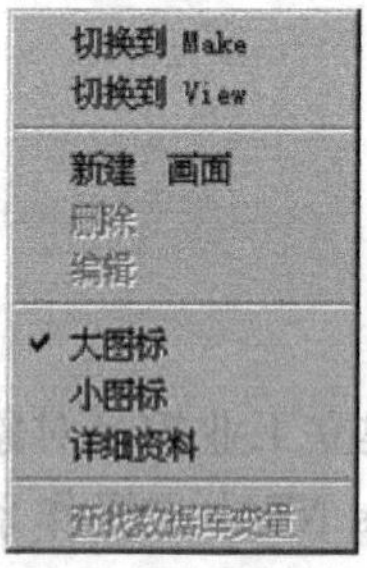

切换到 Make
切换到 View
新建 画面
删除
编辑
✔ 大图标
小图标
详细资料
查找数据库变量

图 9.2 弹出式菜单

选择菜单命令“新建画面”,则进入组态王开发系统。

组态王画面开发系统

画面开发系统是应用程序的集成开发环境。软件开发者在这个环境中完成界面的设计、动画连接的定义等。画面开发系统具有先进完善的图形生成功能;数据库中有多种数据类型,能合理地抽象控制对象的特性,对数据的报警、趋势曲线、过程记录、安全防范等重要功能有简单的操作办法。利用组态王丰富的图库,用户可以大大减少设计界面的时间,从整体上提高工控软件的质量。

启动工程管理器内嵌的画面开发系统,若新建画面时,其开发环境如下:

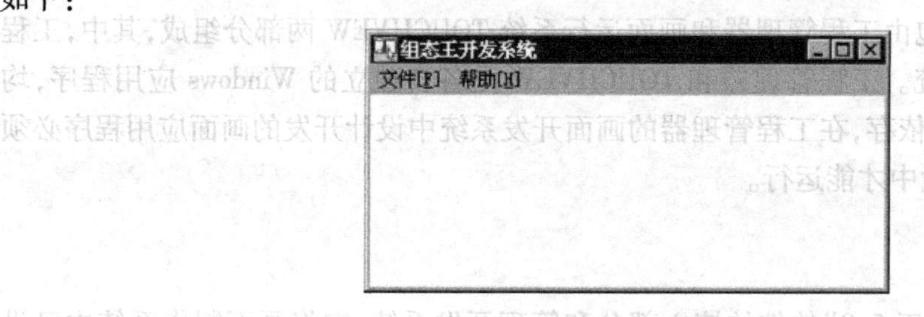

图 9.3 组态王开发环境

若打开已有的画面文件,其开发环境如下:

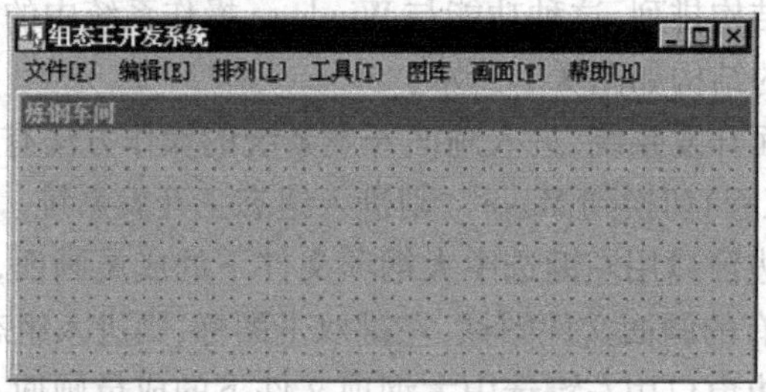

图 9.4 打开画面后的组态王开发环境

9.1.2　组态王5.0运行软件TOUCHVEW

TOUCHVEW是“组态王5.0”软件的实时运行环境，用于显示画面开发系统中建立的动画图形画面，并负责数据库与I/O服务程序(数据采集组件)的数据交换。它通过实时数据库管理从一组工业控制对象采集到的各种数据，并把数据的变化用动画的方式形象地表示出来，同时完成报警、历史记录、趋势曲线等监视功能，并可生成历史数据文件。

启动“组态王5.0”的画面运行系统TOUCHVEW，其运行环境如下：

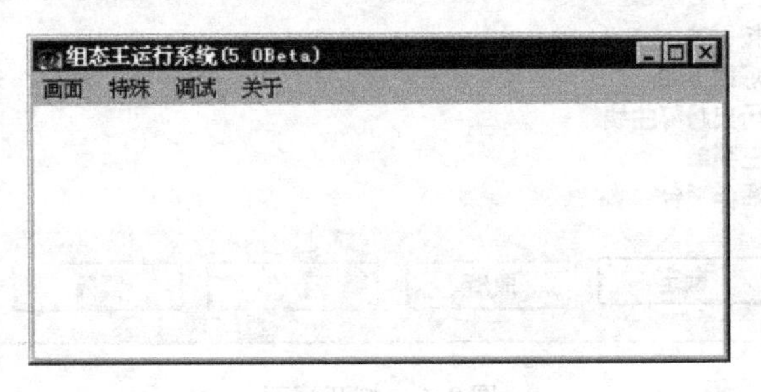

图9.5　组态王运行环境

9.2　应用程序制作过程概述

建立新程序的一般过程是：

1)设计图形界面

2)构造数据库

3)建立动画连接

4)运行和调试

在用组态王画面开发系统编制应用程序时，要依照此过程考虑三个方面：

图形　用户希望怎样的图形画面？也就是怎样用抽象的图形画面来模拟实际的工业现场和相应的工控设备。

数据　怎样用数据来描述工控对象的各种属性？也就是创建一个具体的数据库，此数据库中的变量反映了工控对象的各种属性，比如温度、压力等。

连接　数据和图形画面中的图素的连接关系是什么？也就是画面上的图素以怎样的动画来模拟现场设备的运行，以及怎样让操作者输入控制设备的指令。

9.2.1　建立新的应用程序

要建立新的应用程序，请首先为应用程序指定工作目录(或称“工程路径”)。“组态王5.0”用工作目录标识应用程序，不同的应用程序应置于不同的目录。工作目录下的文件由“组态王5.0”自动管理。

建立新的应用程序操作步骤：

(1)启动“组态王5.0”工程管理器，并进入内嵌的组态王画面开发系统

组态王画面开发系统启动后，会自动查找工程路径下的所有画面并弹出“画面选择”对话框：

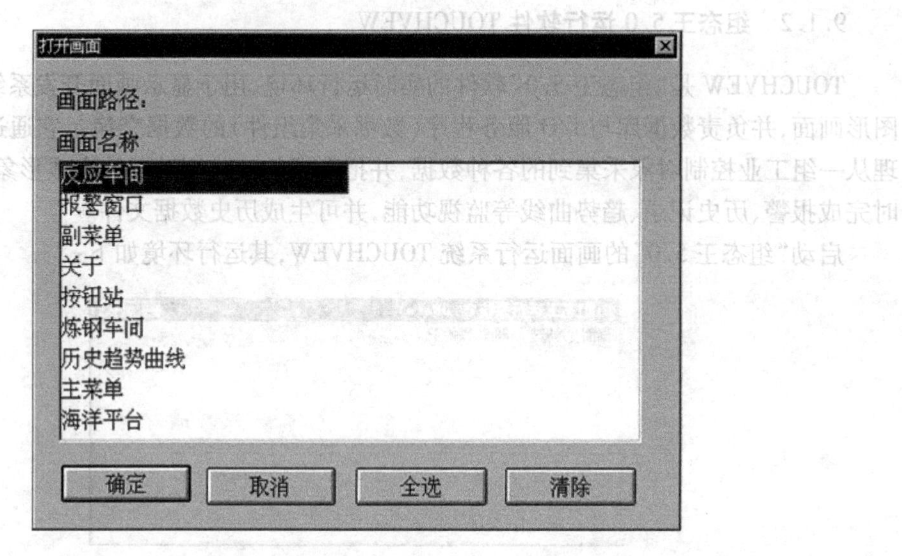

图 9.6 打开画面

(2)指定新应用程序工作目录

建立一个新的应用程序时，要为新应用程序指定工作目录，进入工程管理器后，单击菜单命令“工程\新建”，弹出“新建工程”对话框如下：

新建工程
工程名称：
确定
工程描述：
取消
我的工程
工程路径：
D:\组态王5.0
浏览...

图 9.7 新建工程

在“工程路径”编辑框中输入工作目录，指定工程名称和工程描述，单击“确定”按钮，组态王画面开发系统就会为此应用程序建立目录并生成必要的初始数据文件。这些文件对不同的应用程序是不相同的，因此，不同的应用程序应该分置不同的目录。

注：如果此目录不存在，组态王画面开发系统会提示是否创建该目录：

☒建立的每个应用程序必须在单独的目录中。除非特别说明，不允许编辑修改这些初始数据文件。

如果选择的是非组态王画面开发系统创建的已存在目录，比如“c：\excel”，组态王画面开发系统会提示：

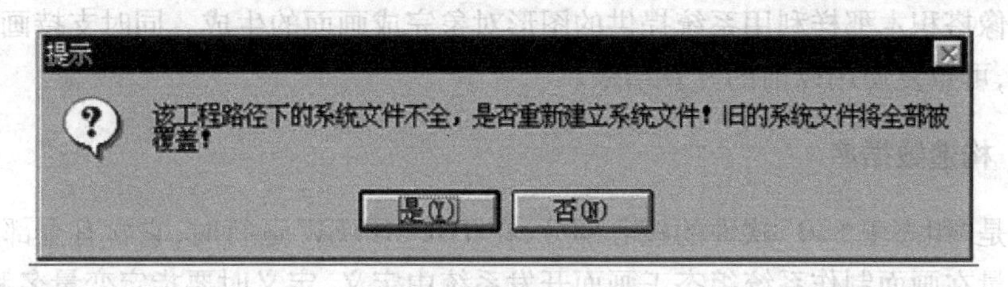

图9.8　系统提示

(3)制作应用程序画面

上述工作完成后，进入组态王画面开发系统，用鼠标选择菜单“文件”，将弹出下拉式菜单，从下拉式菜单中选择“新画面”命令，则弹出“新画面”对话框：

图9.9　新画面对话框

在画面名称栏内输入新的画面名，用鼠标单击“确定”按钮，然后就可以制作用户应用程序的画面。

9.2.2　继续编辑已有的应用程序

如果用户要继续编辑未完成的应用程序，从自动弹出的“画面选择”对话框里选择所需的画面即可。打开已有应用程序后，组态王5.0就进入组态王画面开发系统，此时可对原有画面继续进行编辑修改。

9.2.3　制作图形画面

确定工程路径后，就可以为每个应用程序建立数目不限的画面，在每个画面上生成互相关联的静态或动态图形对象。这些画面都是由“组态王5.0”提供的类型丰富的图素组成的。

系统为用户提供了矩形(圆角矩形)、直线、椭圆(圆)、扇形(圆弧)、点位图、多边形(多边线)、文本等基本图形对象及按钮、趋势曲线窗口、报警窗口等复杂的图形对象。提供了对图形对象在窗口内任意移动、缩放、改变形状、复制、删除、对齐等编辑操作，全面支持键盘、鼠标绘图，并可提供对图形对象的颜色、线型、填充属性进行改变的操作工具。

“组态王5.0”采用面向对象的编程技术，使用户可以方便地建立画面的图形界面。用户构图时可以像搭积木那样利用系统提供的图形对象完成画面的生成。同时支持画面之间的图形对象拷贝，可重复使用以前的开发结果。

9.2.4 构造数据库

数据库是“组态王 5.0”软件的核心部分，在 TOUCHVEW 运行时，它含有全部数据变量的当前值。变量在画面制作系统组态王画面开发系统中定义，定义时要指定变量名和变量类型，某些类型的变量还需要一些附加信息。数据变量的集合称为“数据词典”。

变量定义是在“变量属性”对话框中进行的，在工程管理器中，选择“数据库\数据词典”，双击“新建图标”，弹出“变量属性”对话框：

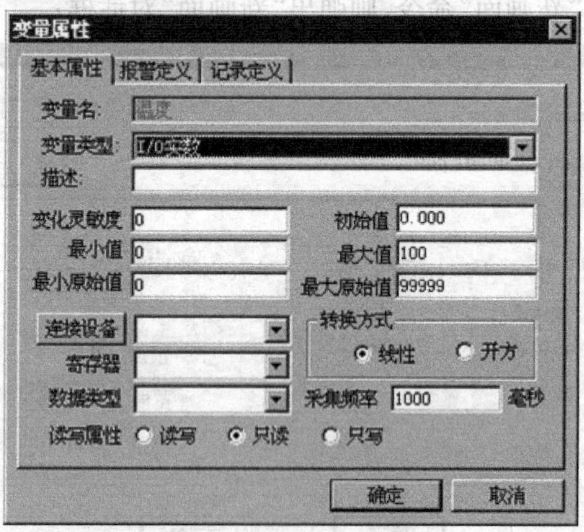

变量属性
基本属性 报警定义 记录定义
变量名: 温度
变量类型: I/O实数
描述:
变化灵敏度 0 初始值 0.000
最小值 0 最大值 100
最小原始值 0 最大原始值 99999
连接设备 转换方式
寄存器 线性 开方
数据类型 采集频率 1000 毫秒
读写属性 读写 只读 只写
确定 取消

图 9.10 变量属性对话框

此对话框可以对数据变量完成增加、删除、改动等操作，以及数据库的管理工作，详细操作请参见“数据库”一章。

9.2.5 定义动画连接

定义动画连接是指在画面的图形对象与数据库的数据变量之间建立一种关系，当变量的值改变时，在画面上以图形对象的动画效果表示出来；或者由软件使用者通过图形对象改变数据变量的值（参见“动画连接”一章）。“组态王 5.0”提供了 21 种动画连接方式：

属性变化	线属性变化、填充属性变化、文本色变化
位置与大小变化	填充、缩放、旋转、水平移动、垂直移动
值输出	模拟值输出、离散值输出、字符串输出
值输入	模拟值输入、离散值输入、字符串输入
特殊	闪烁、隐含
滑动杆输入	水平、垂直
命令语言	按下、弹起、按住

一个图形对象可以同时定义多个连接，组合成复杂的效果，以便满足实际中任意的动画显示需要。

双击图形对象可弹出“动画连接”对话框：

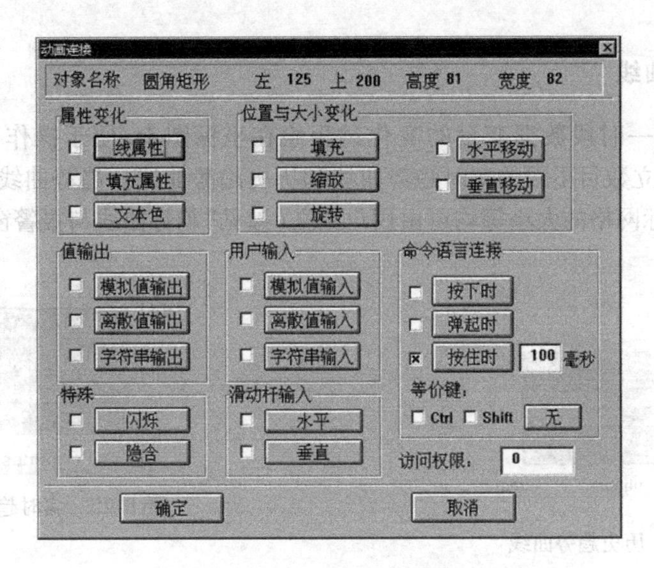

图9.11　动画连接对话框

9.3　常用的基本对象

"组态王5.0"系统提供了直线、折线、椭圆(圆)、矩形(圆角矩形)、圆弧(扇形)、多边形、文字、点位图等基本图素,利用这些图素可以构造复杂的图形画面。这些基本图素如下所示:

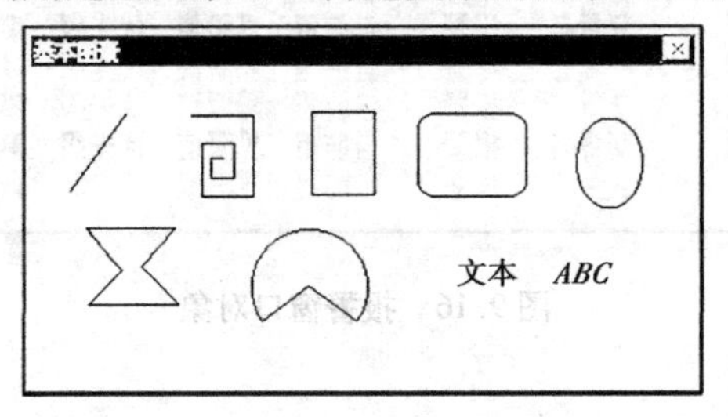

图9.12　基本图形元素

9.4　常用的特殊对象

"组态王5.0"提供了5种特殊图素供用户使用:按钮、按钮文本、历史趋势曲线、实时趋势曲线和报警窗口,把设计人员从重复的图形编程中解放出来,使他们能更专注于对象的控制。

9.4.1　按钮和按钮文本

按钮是具有按下、弹起、按住三种状态的触敏对象。它主要用于同操作员交换信息,一般用来启动值输入或触发命令语言连接,按钮可由鼠标或键盘操作。按钮文本是按钮上的字符串,以标识该按钮的作用。"组态王5.0"中的按钮对象如图9.13所示。

电源开关

图9.13　按钮对象

9.4.2 趋势曲线

趋势曲线将某一时段数据变量的变化过程绘在坐标图上，便于操作员进行趋势判断。“组态王5.0”可建立数目不限的实时趋势曲线和历史趋势曲线。趋势曲线的时间变化范围、数值变化范围、坐标网格的大小等均可由用户定义（参见“趋势曲线与报警窗口”一章）。趋势曲线对象如下：

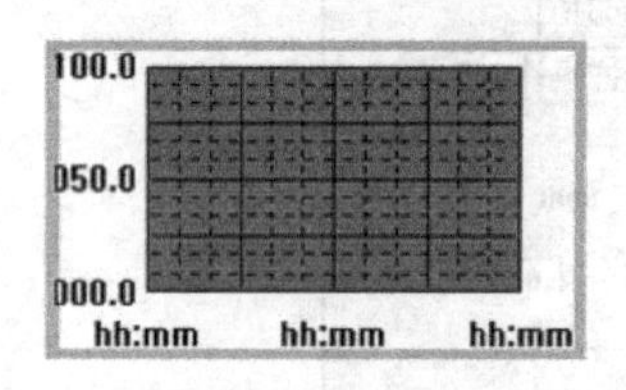

图9.14 历史趋势曲线

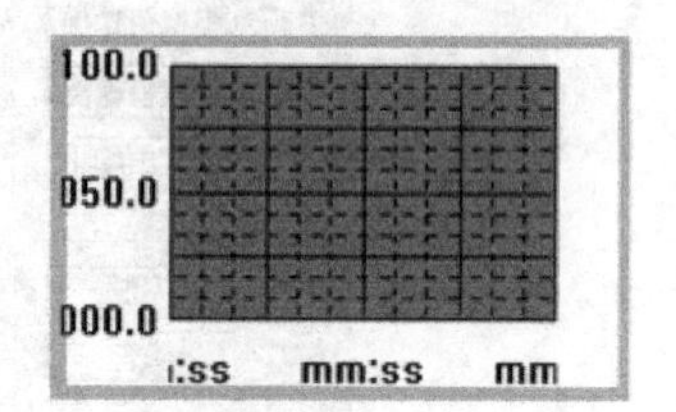

图9.15 实时趋势曲线

9.4.3 报警窗口

“组态王5.0”运行系统自动对用户要求监视的变量进行测试，若测试结果满足报警条件则产生报警事件。组态王的报警条件非常丰富，可以满足工业现场的需要。

报警事件有报警组名和优先级，可按树状结构组织，以便对控制对象各个层次进行管理。报警窗口对象如下所示，窗口的大小可以根据用户的需要进行调整。

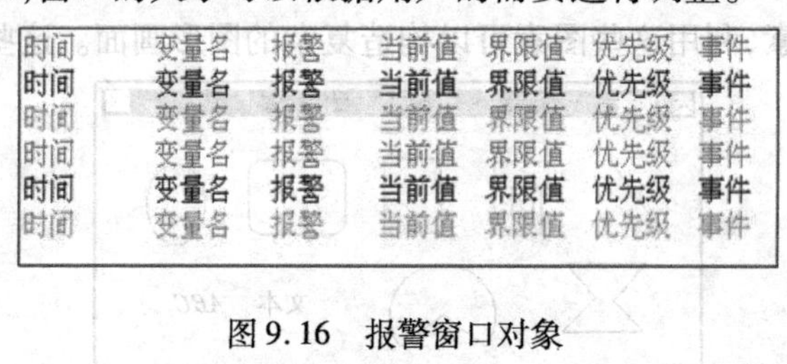

图9.16 报警窗口对象

9.5 图形对象的静态属性与动态属性

静态属性是在“组态王5.0”画面制作系统中绘制图形对象时定义的属性，如线颜色、填充颜色、字体颜色等，如果没有设置改变属性的动画连接，在画面运行过程中图形对象所显示的属性将保持不变。

动态属性在定义动画连接时定义，它规定了图形对象的属性随表达式值如何变化。在画面制作系统中显示的是静态属性，在画面运行系统中动态属性优先显示。比如定义了位置变化（移动、旋转）连接的对象，运行系统和制作系统中对象的位置可能不一致。

小　结

本章主要介绍北京力控公司的工控组态软件组态王的组成、基本开发环境和使用入门，要求读者通过对本章的学习来了解除 WinCC 之外的其他工控组态软件的基本结构和基本使用情况。通过对本章的学习，读者应该自行对 WinCC 和组态王进行对比，同时总结出工控组态软件在组态及使用时的基本步骤。

习　题

1. 请根据本章及前面章节的内容，比较 WinCC 和组态王在使用的过程中有什么相同和不同点。

2. 请简要总结在使用工控组态软件时一般要经过哪些主要步骤。

参考文献

1 苏昆哲. 深入浅出西门子 WinCC V6. 北京:北京航空航天大学出版社,2004
2 于庆广. 可编程控制器原理及系统设计. 北京:清华大学出版社,2004
3 杨卫华. 现场总线网络. 北京:高等教育出版社,2004
4 邹益仁. 现场总线控制系统的设计和开发. 北京:国防工业出版社,2003
5 SIMATIC WinCC V5.0 速成手册. 北京:西门子公司,2001
6 iFIX 学生手册. 北京:Intellueion 公司,2001
7 组态王 5.0 手册. 北京:北京亚控公司,2001